Mohamed Zied Chaari

Transfert d'énergie électrique pour charger les batteries d'un robot

Mohamed Zied Chaari

Transfert d'énergie électrique pour charger les batteries d'un robot

Transmission d'énergie

Presses Académiques Francophones

Impressum / Mentions légales

Bibliografische Information der Deutschen Nationalbibliothek: Die Deutsche Nationalbibliothek verzeichnet diese Publikation in der Deutschen Nationalbibliografie; detaillierte bibliografische Daten sind im Internet über http://dnb.d-nb.de abrufbar.

Alle in diesem Buch genannten Marken und Produktnamen unterliegen warenzeichen-, marken- oder patentrechtlichem Schutz bzw. sind Warenzeichen oder eingetragene Warenzeichen der jeweiligen Inhaber. Die Wiedergabe von Marken, Produktnamen, Gebrauchsnamen, Handelsnamen, Warenbezeichnungen u.s.w. in diesem Werk berechtigt auch ohne besondere Kennzeichnung nicht zu der Annahme, dass solche Namen im Sinne der Warenzeichen- und Markenschutzgesetzgebung als frei zu betrachten wären und daher von jedermann benutzt werden dürften.

Information bibliographique publiée par la Deutsche Nationalbibliothek: La Deutsche Nationalbibliothek inscrit cette publication à la Deutsche Nationalbibliografie; des données bibliographiques détaillées sont disponibles sur internet à l'adresse http://dnb.d-nb.de.

Toutes marques et noms de produits mentionnés dans ce livre demeurent sous la protection des marques, des marques déposées et des brevets, et sont des marques ou des marques déposées de leurs détenteurs respectifs. L'utilisation des marques, noms de produits, noms communs, noms commerciaux, descriptions de produits, etc, même sans qu'ils soient mentionnés de façon particulière dans ce livre ne signifie en aucune façon que ces noms peuvent être utilisés sans restriction à l'égard de la législation pour la protection des marques et des marques déposées et pourraient donc être utilisés par quiconque.

Coverbild / Photo de couverture: www.ingimage.com

Verlag / Editeur:
Presses Académiques Francophones
ist ein Imprint der / est une marque déposée de
OmniScriptum GmbH & Co. KG
Heinrich-Böcking-Str. 6-8, 66121 Saarbrücken, Deutschland / Allemagne
Email: info@presses-academiques.com

Herstellung: siehe letzte Seite /
Impression: voir la dernière page
ISBN: 978-3-8381-4975-2

Table des matières

Listes des figures

Liste des tableaux

Introduction Générale

Les pipelines présentent un grand intérêt pour le transport de grands volumes de fluides (gaz, produits chimiques, produits pétroliers) qui ne transitent plus par les réseaux routiers. Ils présentent néanmoins un certain niveau de risque dont les conséquences sont directement liées à la nature du fluide transporté. Le premier niveau de sécurité à mettre en place consiste à vérifier l'état du pipeline en utilisant un robot « Crawler », mais cette solution présente un problème très sérieux concernant l'autonomie.

Dans notre travail, nous avons étudié des solutions qui permettent de charger les batteries de robot « Crawler » sans contact pour éliminer les opérations qui peuvent perturber l'inspection d'un pipeline et aussi pour minimiser les pertes économiques, car à chaque fois que le robot Crawler est bloqué à l'intérieur de pipeline, l'organigramme de l'inspection et de production change.

Dans ce rapport, nous nous sommes intéressé à étudier les différentes technologies existantes pour inspecter les pipelines avec un robot Crawler, ainsi que le principe de transfert de l'énergie électrique sans fil. L'idée est d'utiliser le pipeline comme un guide d'ondes pour focaliser les ondes électromagnétiques et pour minimiser l'atténuation d'énergie. De même, nous nous sommes intéressé à examiner quelques propriétés de base du modèle d'antenne, comme le gain et le diagramme de rayonnement, qui influent directement sur son fonctionnement. Nous avons aussi détaillé un réseau d'antennes plaques qui représente une surface importante, ce qui lui permet d'avoir une puissance rayonnée relativement élevée et un gain acceptable.
Ce mémoire est subdivisé en quatre chapitres :

Dans le premier chapitre, nous présenterons le principe de transfert d'énergie électrique sans fil, ainsi que l'utilité du robot Crawler dans les domaines d'inspection, et les problèmes qui perturbent son fonctionnement au cours du contrôle non destructif (CND) des pipelines.
Dans le deuxième chapitre, nous présenterons l'idée d'utiliser le pipeline comme un guide d'onde électromagnétique pour augmenter le rendement d'un chargeur de batterie sans contact.
Dans le troisième chapitre, nous allons présenter un système ayant une source à micro-onde capable de fournir de l'énergie dans le pipeline. Ce chapitre se divise en deux grandes parties, la première est basée sur le principe de chargement des batteries par flux magnétique. La deuxième partie est basée sur le principe de transmission d'énergie à travers les ondes électromagnétiques.

Le dernier chapitre présentera l'étude d'un système capable de convertir l'énergie électromagnétique en une tension continue. Ce système est basé d'une part sur une étude

1

fondamentale concernent les antennes patchs en utilisant le logiciel ADS/MOMENTUM pour modéliser, simuler et réaliser un réseau d'antennes imprimées compatible à notre cahier des charges et d'autre part sur des redresseurs à pompe de charge.

Chapitre 1
Transfert d'énergie
électrique sans fil

1. Introduction

Dans ce chapitre, nous allons présenter dans un premier temps une étude sur le principe de transfert de l'énergie électrique sans contact, et dans un deuxième temps l'utilité d'un robot Crawler et les problèmes qui peuvent nuire le bon fonctionnement au cours du contrôle non destructif (CND), tels que l'épuisement de batterie et son influence sur l'organigramme de production.

2. Etat de l'art

Avant d'aborder la présentation des différentes techniques permettant le transfert d'énergie sans contact, il semble nécessaire d'examiner les besoins justifiant ce principe, qui comme on le verra plus loin, a l'inconvénient d'un rendement assez médiocre dans l'état technique actuel.

L'absence de contact galvanique peut se justifier pour les catégories de systèmes suivants :

• Systèmes pour lesquels le stockage d'énergie est limité : véhicules électriques, robots, éléments de machines outils, appareils domestiques portatifs.

• Systèmes dans lesquels il est impossible d'établir une liaison galvanique pour des raisons de sécurité : appareils implantés dans le corps humain, domaine médical, applications domestiques à haute sécurité, domaine nucléaire.

• Systèmes de badges pour l'authentification, le télépéage et les dispositifs de sécurité.

• Systèmes à très haute immunité aux perturbations électromagnétiques, nécessitant un grand éloignement vis-à-vis de la source de perturbations.

• Systèmes très éloignés entre lesquels une liaison galvanique est impossible : entre un satellite ou un aéronef et la terre par exemple.

Différentes techniques de transfert d'énergie sont adaptées à chacun de ces cas. A l'heure actuelle, les applications concrètes qui nécessitent ces techniques sont essentiellement limitées au domaine médical pour de très faibles puissances et au domaine des applications industrielles (robotique, manutention) pour les fortes puissances.

3. Dispositifs d'énergie sans fil

Des nombreuses applications nécessitent la transmission de l'énergie sans contact sur des distances variables, de quelques centimètres pour les applications les plus courantes à quelques centaines de mètres voire des milliers de kilomètres pour des applications futuristes. Une tendance qui milite en faveur de la transmission d'énergie sans contact est le développement des appareils nomades. La gamme d'application va de la brosse à dent électrique autonome jusqu'aux très futuristes satellites solaires.

Les deux principes de transmission d'énergie par champs électromagnétiques se distinguent par la portée que l'on souhaite atteindre. Pour une transmission à faible distance (par exemple comprise entre 10^{-3} et 10^{-1}m), le principe utilisé est l'induction magnétique. Les dispositifs s'apparentent à des transformateurs à air dans lesquels on focalise parfois les lignes de champ pour un meilleur rendement.

Dès lors que la distance de transmission dépasse la gamme précédente, le principe utilise la propagation de l'énergie par champs électromagnétiques. L'efficacité de transmission sur des distances comprises dans la gamme 10 à 10^6m implique des fréquences de travail de l'ordre de quelque GHz ou plus pour conserver une focalisation satisfaisante du faisceau et un rendement acceptable.

Les applications industrielles n'existent pas encore en termes de transmission, elles existent cependant en matière de chauffage par micro-onde à des puissances ne dépassant pas l'ordre du kW à la dizaine de kW.

4. Rappel historique

Le concept de transmission de l'énergie électrique dans l'espace libre sans guide matériel n'est pas nouveau ; il fut étudié dès la fin du XIXème siècle par Henry Hertz qui a réalisé en 1888 des expérimentations de transmission d'énergie pulsée à 0,5 GHz [1] puis par Nicolas Tesla [2] qui a imaginé la perspective de distribution d'énergie sans fil.

La première véritable transmission d'énergie sans fil avec la recherche d'un certain rendement fut effectuée aux Etats-Unis par le « Spencer Laboratory » de la Société Raythéon à Burlington en 1963 [3]. Les caractéristiques de cette première liaison étaient : 60 W transmis à 7 m 40 à la fréquence de 2,45 GHz avec un rendement de transmission de l'ordre de 13 %.

Depuis, cette première démonstration trois faits marquants et historiques méritent d'être soulignés [4] [5] :

✓ Alimentation en énergie d'un hélicoptère miniature par un faisceau micro-ondes : 270 W à 2,45 GHz – masse de l'hélicoptère : 2,3 kg – altitude du vol de l'ordre de 15 m. Cette expérimentation, largement médiatisée par le « Spencer Laboratory » en 1964 avait le double objectif de montrer à la fois, la faisabilité et la perspective d'application [6].

✓ Expérimentation en 1975 par le « Jet Propulsion Laboratory » (JPL) (USA) d'une liaison 2,388 GHz de 1,55 km de longueur sur le site de Goldstone dans le désert de Mojave délivrant au niveau de la réception une puissance courant continu (CC) de 3 kW.

5

✓ Le record, toujours d'actualité, de rendement de transmission en bande S - ISM (2,4 - 2,5 GHz - Domaine Industriel, Scientifique et Médical), obtenu également en 1975 avec les technologies mises en œuvre dans le cadre de l'expérimentation précédente du JPL, est de   rendement de l'ordre de 54 % Ce résultat fut obtenu en 1975 pour une puissance CC réception de 495,6W, une distance entre les antennes de 1,70 m et une fréquence de 2,4469 GHz [7] [8].

4.1. Projet SPS (Solar Power Satellite)

Ce concept a été introduit en 1968 par Peter Glaser [9] [10] [11]: un satellite en orbite géostationnaire capte l'énergie solaire disponible en permanence grâce à des photopiles, cette énergie est ensuite envoyée sur terre par faisceau microondes. La figure 1.1 présente une vue d'artiste de ce concept.

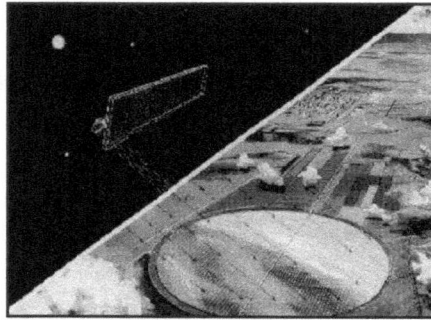

Figure 1.1 *Conception satellite SPS*

Cette solution veut représenter une alternative à la disparition des énergies fossiles et aux restrictions d'utilisation de l'énergie nucléaire pour   cause d'écologie. Les équipements sont dimensionnés pour une puissance fournie de l'ordre de 5 GW [12]. Le satellite mesure   5200m x 10400m pour ce qui est de la surface de captage du rayonnement solaire. Celui-ci est de 1400W/m² dans l'espace, soit 40% de plus que sur terre avec un taux de disponibilité de 100%.

Le rendement de cette première conversion est estimé à 15%. L'antenne d'émission à réseau présente un diamètre de 1000m. La source microonde est constituée de 100 000 tubes klystron de 70kW de puissance unitaire émise. Le rendement de transmission DC-DC est estimé entre 58 et 72%, chiffres en réalité atteints en laboratoire à faible niveau de puissance transmise. Les antennes réceptrices au sol sont elliptiques (10km x 13km) et captent l'énergie sous une densité de l'ordre de 100W/m² à 2,45GHz [13]. La figure 1.2 présente quelques détails de structure de ce premier concept de satellite SPS ainsi que la station de réception au sol.

6

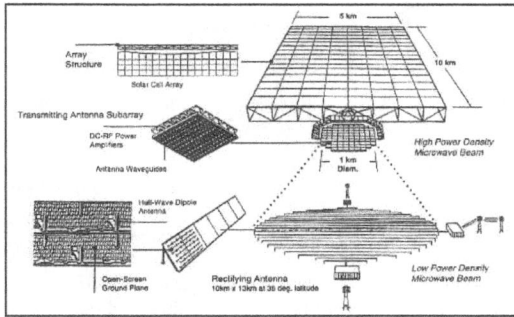

Figure 1.2 *Détails du satellite SPS, première génération*

Récemment (1997), la NASA a réactivé cette idée avec le concept de tours solaires   (figure 1.3) qui constitue une approche plus modulaire et standardisée du concept SPS, de façon à pouvoir lancer des modules par des fusées classiques. Par ailleurs, des progrès sensibles ont été réalisés sur les différents maillons technologiques, en particulier sur les cellules solaires pour lesquelles le rendement pourrait approcher 25%.

Les sources micro-ondes sont à base de transistor de puissance RF et le pointage est réalisé grâce à des antennes électroniques à balayage. Le satellite est en orbite intermédiaire vers 12000 km [14] [15].

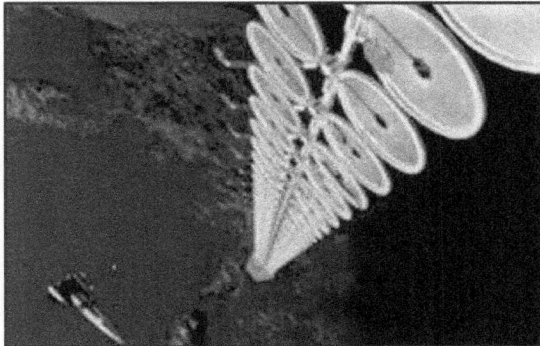

Figure 1.3 *Concept de tour solaire modulaire et détails de la structure*

4.2. Autres projets dans l'espace ou aéroportés

D'autres projets utilisant la transmission de microonde dans l'espace, tels :

7

4.2.1. Le projet LEO to GEO (Low Earth Orbit to Geostationary Orbit)

C'est un projet de véhicule spatial permettant le transfert de fortes charges d'une orbite basse à l'orbite géostationnaire en utilisant des propulseurs ioniques alimentés en énergie électrique transmise par faisceau micro-ondes depuis la terre [16] ou depuis un satellite SPS en orbite basse.

4.2.2. Le projet PRS (Power relay satellite)

Il consiste en un satellite réflecteur situé en orbite géostationnaire qui assure le transfert d'énergie entre stations ou véhicules spatiaux.

4.2.3. Le projet HALE (High Altitude Long Endurance aircraft)

C'est un avion sans pilote volant à une altitude de 20km durant plusieurs mois ou semaines pour assurer une fonction de relais de télécommunications ou de station météo de haute altitude, cette solution étant nettement moins onéreuse qu'un satellite, on revient là à l'idée d'origine.

Figure 1.4 *Avion sans pilote volant à une altitude de 20km*

D'après ces informations, on remarque que la meilleur solution applicable pour transfert d'énergie électrique et d'utiliser une source à micro-ondes dans la bande S-ISM (2.4-2.5Ghz).

Le critère de distance dans ce type de transmission d'énergie sans contact est ici fondamental au vu des applications visées.

La transmission d'énergie à distance est une problématique qui a donné lieu à de nombreux projets. Dans ce domaine, on trouve essentiellement des travaux sur le transfert massif d'énergie depuis l'espace vers la terre qui sont liés aux préoccupations énergétiques de l'après «énergies fossiles». L'utilisation de faisceaux micro-ondes pour la transmission d'énergie date du début des années

8

1950. L'observation spatiale étant inexistante et, dans le contexte de la guerre froide, l'armée américaine envisagea des plates-formes d'observation héliportées stationnaires en haute altitude (15 000m), qui seraient restées postées sur de longues périodes, d'où l'idée de l'apport d'énergie par faisceaux directifs micro-ondes.

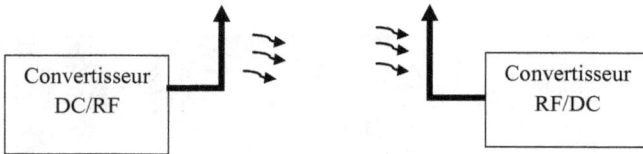

Figure 1.5 *Schéma de principe du TESF*

Un dispositif de transmission d'énergie sans contact est constitué d'un système d'émission et d'un système de réception. L'énergie véhiculée par l'onde électromagnétique est captée par une antenne de réception (ou un réseau d'antennes), puis ce signal alternatif est redressé.

Le signal redressé est ensuite filtré et éventuellement régulé pour être utilisé comme source d'énergie électrique continue.

A cette époque existaient différents problèmes liés à la technologie disponible :

✓ Au niveau des sources de micro-ondes de forte puissance,

✓ Au niveau du pointage des antennes,

✓ Au niveau de la conversion RF/DC.

Après la présentation que nous avons faite sur le principe de transfert d'énergie électrique sans fil, nous allons présenter maintenant le principe d'utilisation du robot Crawler pour inspecter l'état intérieur de pipeline, et nous allons détailler les problèmes qui peuvent perturber leur fonctionnement.

5. Les pipelines

Les pipelines sont des outils essentiels de transport massif des fluides (liquides, liquéfiés ou gazeux) sur des grandes distances comme sur des petites liaisons. Ils allient débit important et discrétion et confirment année après année qu'ils sont le mode le plus sûr et le plus écologique de transport des hydrocarbures, notamment [17].

Toutefois, si leur enfouissement permet cette discrétion dans la performance, il est aussi problématique dès lors qu'il faut envisager d'assurer la maintenance de ces ouvrages de transport [18].

Avant de mettre le pipeline en service, on doit appliquer les méthodes de contrôle non destructif CND pour vérifier la santé du pipeline comme la dureté du soudure, le mesure d'épaisseur et le contrôle de la qualité …

Figure 1.6 *Photo réel d'un pipeline*

Le contrôle non destructif (CND) consiste à rechercher la présence éventuelle de défauts au sein des matériaux constituant les objets ou parties d'objets à tester par l'utilisation de techniques diverses [19].

Les techniques de contrôle non destructif désignent des procédés aptes à fournir des informations sur la santé d'une pièce (pipeline) ou d'une structure sans qu'il en résulte des altérations préjudiciables à leur utilisation ultérieure [20].

En fait, l'objectif des contrôles non destructifs est la mise en évidence de toutes les défectuosités susceptibles d'altérer la disponibilité, la sécurité d'emploi et/ou, plus généralement, la conformité d'un produit à l'usage auquel il est destiné.

6. Description du robot « Crawler »

L'un des objectifs permanents de l'exploitation des pipelines est d'assurer des transports massifs d'hydrocarbures dans le respect de l'environnement et de la sécurité, pour cette raison on doit inspecter le pipeline de l'intérieur [21].

Il a donc été développé des outils qui permettent d'inspecter les pipelines de l'intérieur.

Ces outils sont appelés Crawlers [22].

Le Crawler est un robot. Son design, spécialement étudié, lui permet d'accéder à des zones confinées ou d'être projeté dans une zone dangereuse [23] [24] en le plaçant dans son enveloppe de protection.

6.1. Emploi des Crawlers pour la maintenance des pipelines

En premier lieu, il est important de noter qu'un pipeline doit disposer des équipements particuliers pour pouvoir être inspecté par des racleurs instrumentés. Il s'agit notamment des équipements permettant le lancement et la réception des Crawlers. Ces « gares de racleur » peuvent parfois être fournies temporairement par des prestataires extérieurs. Ces Crawlers instrumentés regroupent donc un ensemble d'outils aptes à détecter la plupart des défauts susceptibles d'être présents à la surface des pipelines. De plus ce sont des outils d'inspection qui permettent de couvrir l'intégralité de la surface d'une canalisation [25].

Après l'inspection de sa conduite par un racleur, un exploitant de réseau dispose donc d'un ensemble de signaux correspondant à des défauts localisés et dimensionnés, dans les limites des capacités de l'outil employé bien sûr. Dans un premier temps, un certain nombre de ces défauts pourront apparaître comme inacceptables au regard des conditions d'exploitation : ils seront réparés sans délais ou bien les conditions d'exploitation seront adaptées, au moins temporairement [26].

L'ensemble des signaux fournissent par ailleurs une indication de l'efficacité des moyens de prévention mis en place. Des évolutions adaptées pourront être décidées si nécessaire.

Enfin, un certain nombre de défauts seront laissés en ligne car il ne met pas en danger l'intégrité de la ligne. Cependant, la modélisation de la progression de ces défauts permettra d'évaluer leur durée de vie potentielle et un arbitrage devra alors être pris entre la réparation anticipée et la nécessité de refaire une inspection de la ligne avant le délai calculé. Il peut ainsi être intéressant de réparer à l'avance des défauts acceptables en l'état si cela permet de repousser de quelques années une coûteuse inspection par Crawler.

6.2. Les différents types de Crawler

Outre les Crawlers dits instrumentés, il existe des racleurs sans aucun équipement de mesure qui servent, soit à nettoyer les canalisations, soit à isoler les uns des autres différents produits incompatibles [27]. Les Crawlers d'isolement, sont généralement équipés de coupelles particulières assurant à la fois leur propulsion et leur étanchéité. Les Crawlers de nettoyage sont équipés de brosses, il en existe une grande variété pouvant traiter des problèmes spécifiques : élimination de paraffines, d'oxydes, de sédiments, …

Pour ce qui est des Crawlers instrumentés on distinguera plusieurs types répondant à des finalités d'inspection différentes : on trouve ainsi, principalement, des Crawlers de contrôle de la géométrie des tubes, des Crawlers de détection des pertes de métal, des Crawlers de contrôle d'étanchéité et des racleurs spécialisés dans la recherche de fissures longitudinales.

La figure 1.7 représente une photo réelle d'un robot Crawler utilisé en 2009 pour scanner le pipeline et pour charger les batteries par effet inductive.

Figure 1.7 *Photo réel d'un robot Crawler en 2009*

6.3. Les grands problèmes qui perturbent le Crawler

Au cours de l'inspection, le Crawler rencontre plusieurs problèmes, parmi lesquels :

✓ Pour détecter l'état de soudure à l'intérieur de pipeline, les Crawlers doivent être équipés d'un générateur de rayons X, engendrant dans ce cas un épuisement rapide des batteries.

Figure 1.8 *Crawler autour d'inspection*

12

✓ Pas mal de fois, lors de l'inspection, le robot rencontre un obstacle comme une pierre, un morceau de fer …, dans ce cas le couple moteur de notre robot Crawler augmente, ce qui influe sur la quantité d'énergie stocké à l'intérieur de la batterie.

Figure 1.9 *Racleur autour d'inspection*

7. Conclusion

Dans le présent chapitre nous avons fait une recherche bibliographique sur l'historique de transfert d'énergie électrique sans fil aussi nous avons fait un aperçu général sur l'utilisation des robots dans l'inspection d'équipement pétrolier comme les pipelines.

Chapitre II
Guide d'onde

1. Introduction

Dans ce chapitre, nous allons présenter l'idée d'utiliser le pipeline comme un guide d'onde pour minimiser l'atténuation d'énergie et maximiser la puissance récupérée au niveau de réseau d'antenne patch. Nous avons fait une recherche sur les différents diamètres et compositions chimiques de pipeline (guide d'onde). Et par la suite, nous allons faire tous les calculs analytiques nécessaires pour déterminer la fréquence d'émission et la longueur d'onde. Dans notre étude de chargeur sans fil, en nous basant sur les ondes électromagnétiques et aussi sur les guides d'onde, nous avons tenu compte des conditions qui facilitent la propagation d'onde dans le pipeline, et le choix du mode de propagation que nous allons utiliser.

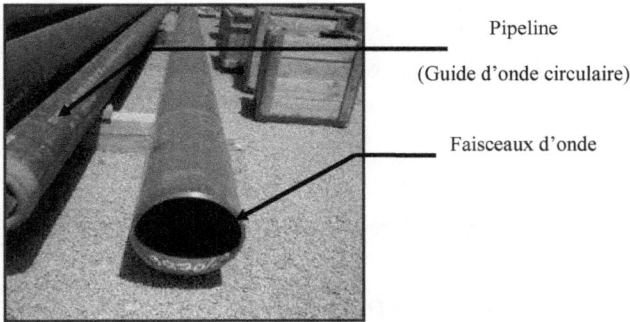

Pipeline
(Guide d'onde circulaire)

Faisceaux d'onde

Figure 2.1 *Schéma de principe d'utiliser le pipeline comme un guide d'onde*

Lorsqu'un signal doit être transmis sur une courte ou une grande distance entre deux points fixes, il est possible d'optimiser la transmission en "guidant" les ondes depuis l'émetteur jusqu'au récepteur. Comme les ondes sont (quasi) parfaitement réfléchies par les surfaces métalliques, une idée simple pour effectuer le guidage est d'installer un tuyau métallique depuis l'émetteur jusqu'au récepteur. Les ondes émises restent alors confinées à l'intérieur du tuyau. De tels tuyaux sont appelés des guides d'onde.

2. Rappels physiques sur les ondes et les Champs Electromagnétiques

Pour l'étude de notre chargeur sans fil, en se basant sur les ondes électromagnétiques pour transporter l'énergie électrique sans contact, nous allons étudier donc leur comportement.

Le champ électrique et l'induction magnétique, peuvent être considérés comme un espace dans lequel un aimant, un corps électrisé ou un corps pesant est soumis à des forces. Le qualificatif d'électromagnétique exprime qu'une onde radio est formée de deux composantes : un champ

15

électrique $\vec{E}$ et un champ magnétique $\vec{H}$. Les deux champs sont perpendiculaires l'un à l'autre, leurs amplitudes sont en rapport constant et leurs variations sont en phase. C'est pour cette raison que l'on peut parler ici de "champs électromagnétiques"[28].

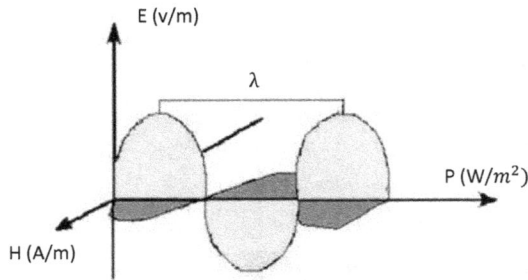

Figure 2.2 *Propagation d'une onde électromagnétique*

E : Champ électrique (V/m)

H : Champ magnétique (A/m)

P : Vecteur de propagation (poynting) représentant la densité de puissance de l'onde (W/m^2)

2.1. Rayonnement électromagnétique

Le champ électromagnétique est généré par un oscillateur qui passe par trois zones

❖ Zone de Rayleigh

Dans cette zone de champ proche (ou zone de Rayleigh), il y a échange d'énergie réactive entre l'antenne et le milieu extérieur.

❖ Zone de Fresnel

Dans cette zone la densité de puissance est fluctuante.

❖ Zone de Fraunhofer

Dans la zone du champ lointain (ou de Fraunhoffer), à grande distance par rapport à la longueur d'onde,

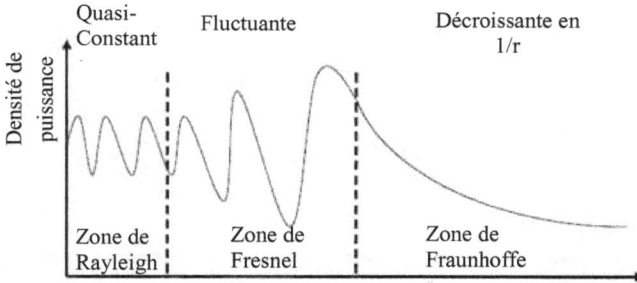

Figure 2.3 *Zones de radiation d'une antenne*

2.2. Réflexion des ondes

La réflexion est telle que l'angle d'incidence est égal à l'angle de réflexion. Lorsqu'une onde rencontre un obstacle, le tout ou une partie de l'onde est réfléchie, avec une perte de puissance. La puissance de signal pénètre la paroi très faible avec une portée d'ordre de quelques centimes prés [29].

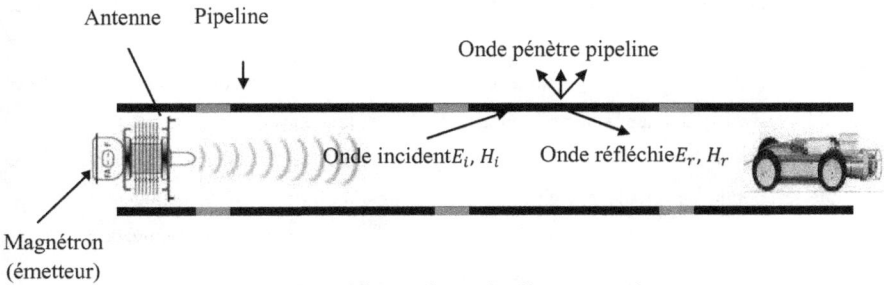

Figure 2.4 *Réflexion des ondes électromagnétiques*

2.3. Cage de faraday

L'utilisation d'une source à micro-ondes présente un danger potentiel pour la santé liée aux risques des fuites des ondes électromagnétiques.

L'évolution de l'étanchéité et des connecteurs a pour but d'éliminer les fuites de rayonnement d'une source à micro-ondes, mais ce phénomène ne présente rien pour notre application car notre source existe dans le pipeline.

17

Le pipeline est un cylindre en matériaux de très grand dimensionnement de diamètre $\emptyset = 6"$, c'est une cage de Faraday, et avec ce phénomène on peut garantir deux choses très importantes :

- Focaliser de l'énergie électromagnétique dans le pipeline
- Protéger les employeurs et l'environnement contre le rayonnement électromagnétique.

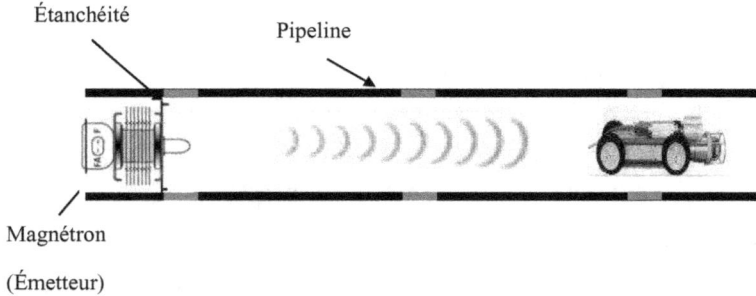

Figure 2.5 *Schéma de principe d'une cage de faraday*

2.4. Effet de peau

L'effet de peau ou effet pelliculaire (ou plus rarement effet Kelvin) est un phénomène électromagnétique qui fait que, à fréquence élevée, le courant a tendance à ne circuler qu'en surface des conducteurs [30].

Ce phénomène d'origine électromagnétique existe pour tous les conducteurs parcourus par des courants alternatifs. Il provoque la décroissance de la densité de courant à mesure que l'on s'éloigne de la périphérie du conducteur. Il en résulte une augmentation de la résistance du conducteur. Cela signifie que le courant ne circule pas uniformément dans toute la section du conducteur. Tout se passe comme si la section utile du câble était plus petite. La résistance augmente donc, ce qui conduit à des pertes par effet joule plus importantes.

L'épaisseur de peau détermine en première approximation la largeur de la zone où se concentre le courant dans un conducteur. Elle permet de calculer la résistance effective à une fréquence donnée.

$$\delta = \sqrt{\frac{2}{\omega\mu\sigma}} \tag{2.1}$$

- δ : épaisseur de peau en mètre [m]
- ω : pulsation en radian par seconde [rad/s] ($\omega = 2.\pi.f$)

18

- f : fréquence du courant en Hertz [Hz]
- μ : perméabilité magnétique en Henry par mètre [H/m]
- ρ : résistivité en Ohm-mètre [Ω.m] ($\rho=1/\sigma$)
- σ : conductivité électrique en Siemens par mètre [S/m]

3. Les micro-ondes guidées

Il est bien connu que la polarisation d'une onde électromagnétique (EM) correspond à l'orientation de son champ électrique $\vec{E}$. La polarisation de l'onde est dite linéaire lorsque la direction du vecteur champ électrique est constante. Dans ce cas, le champ $\vec{E}$ reste toujours dans le même plan. Le champ électrique est représenté par un vecteur perpendiculaire à la direction de propagation de l'onde P (ou Z). Le champ magnétique $\vec{B}$, lui aussi, est un vecteur perpendiculaire au vecteur champ électrique et perpendiculaire à la direction de propagation.

Les ondes EM guidées (qui se propagent dans un câble coaxial) ne sont pas toujours transverses, c'est-à-dire que les champs électriques et magnétiques ne sont pas nécessairement perpendiculaires à la direction de propagation Z. Une configuration propre des champs électriques et magnétiques d'une onde se propageant dans un guide d'onde est appelée mode de propagation [31]. A une fréquence donnée, il peut exister de nombreux modes qui se propagent dans un guide d'onde (TE, TE, TEM). Dans un guide parfait, les différents modes ne peuvent pas interagir entre eux. Il existe divers types de modes de propagation [32] [33]:

- *Mode TEM ou Transverse Electromagnétique*

Les champs $\vec{B}$ et $\vec{E}$ sont perpendiculaires à la direction de propagation Z ($E_z = B_z = 0$). Ce type de mode est fréquent dans les guides d'ondes de type câbles coaxiaux tandis que les guides creux (rectangulaires ou cylindriques) ne permettent pas la propagation des modes TEM. Ce mode peut se propager à toutes les fréquences.

- **Mode TM ou Transverse Magnétique**

Le champ $\vec{B}$ est perpendiculaire à la direction de propagation ($B_z = 0$), mais $E_z \neq 0$. Ce mode est aussi appelé onde de type $\vec{E}$ car seule $\vec{E}$ possède une composante longitudinale.

- **Mode TE ou Transverse Electrique**

Le champ $\vec{E}$ est perpendiculaire à la direction de propagation ($E_z = 0$), mais $B_z \neq 0$. Ce mode est aussi appelé onde de type B car seule B possède une composante longitudinale.

4. Comportement d'un guide d'onde

✓ Les modes TE et TM cessent de se propager au dessous d'une fréquence f_c appelée fréquence de coupure. Pour savoir si un mode est propagatif dans un guide d'onde, il faut calculer sa fréquence de coupure f_c et la comparer à la fréquence de travail f :

✓ Si f est supérieure à f_c alors le mode en question est propagatif.

✓ La fréquence de coupure d'un mode donné dans un guide métallique creux (cylindrique ou rectangulaire par exemple) dépend uniquement des dimensions de ce guide et de deux nombres entiers m et n. Ainsi les modes sont notés TE_{mn} et TM_{mn} suivant les valeurs   de m et n.

✓ Un guide d'onde se comporte donc comme un **filtre passe-haut**.

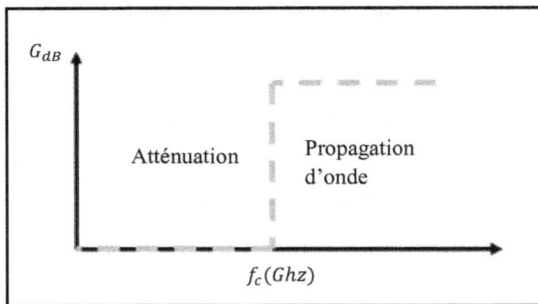

Figure 2.6 *Atténuation d'une onde en fonction de la fréquence*

d'un guide d'onde

✓ le mode TEM ne peut pas se propager dans des guides d'ondes métalliques creux, donc les guides d'ondes rectangulaires et cylindriques peuvent transmettre uniquement les modes TE et TM.

5. Le mode dominant pour un guide d'onde

Le mode dominant est celui qui a une fréquence de coupure la plus basse,

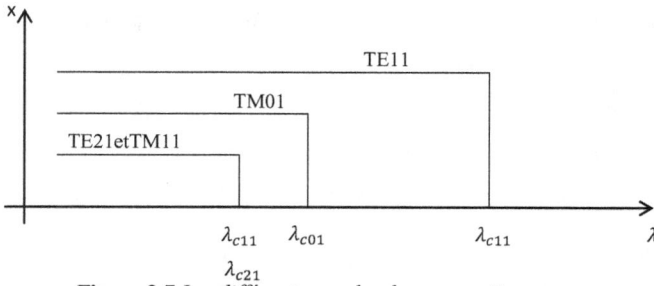

Figure 2.7 *Les différentes modes de propagation*

Le mode TE_{10} est donc le mode dominant (ou fondamental) dans les guides d'ondes rectangulaires [34] (le mode TM_{10} n'existe pas puisque sa fonction génératrice est nulle lorsque $n = 0$; d'une autre manière, le produit m∗n = 0 est uniquement pris pour les modes TE).

Dans les guides d'ondes cylindriques le mode TE_{11} est le mode dominant parce qu'il possède la fréquence de coupure la plus basse.

La fréquence de coupure dans un guide circulaire est donnée par la relation suivante:

$$f_c = \frac{\chi'_{mn}}{2\pi a\sqrt{\mu\varepsilon}} \ \text{pour le mode } TE_{pn}$$

$$\left. \begin{array}{l} \\ \\ \end{array} \right\} \Longrightarrow \text{La fréquence de coupure, } f_c \qquad (2.2)$$

$$f_c = \frac{\chi_{mn}}{2\pi a\sqrt{\mu\varepsilon}} \ \text{pour le mode } TM_{pn}$$

6. Les conditions de propagation d'une onde guidée

Avant de traiter les conditions de propagation, on doit définir les paramètres physiques suivants :

- ✓ λ_0 représente la longueur d'onde d'un milieu infini ayant les propriétés de l'intérieur du guide.
- ✓ λ_g représente la longueur d'onde à l'intérieur du guide.
- ✓ λ_c représente la longueur d'onde de coupure.

On a défini les constantes de propagation d'onde dans un pipeline

$$\frac{1}{\lambda_0^2} - \frac{1}{\lambda_g^2} = \frac{1}{\lambda_c^2} \ soit \ \frac{1}{\lambda_0^2} = \frac{1}{\lambda_g^2} + \frac{1}{\lambda_c^2} \qquad (2.3)$$

A partir de la relation (2.2), nous allons considérer deux cas :

$$Avec, \gamma_0 = {^{2\pi}/_{\lambda_0}} \ et \ \gamma_g = {^{2\pi}/_{\lambda_g}} \qquad (2.4)$$

> $Si \ \gamma_0 > \gamma_c$

21

La longueur d'onde λ_0 est plus petite que la longueur d'onde λ_c de coupure.

Donc on à

$$\gamma_g = \sqrt{\gamma_0^2 - \gamma_c^2} \tag{2.5}$$

Cette quantité étant réelle, l'onde se propage donc sans perte.

Avec :

$$\lambda_0 = \frac{c}{f} = \frac{3.10^8}{2.45 10^9} = 0.1224 m \tag{2.6}$$

Posons : $\gamma_c^2 = \gamma_0^2 - \gamma_g^2$ \hfill (2.7)

D'où la longueur d'onde guidée :

$$\lambda_g = \frac{\lambda_0 \lambda_c}{\sqrt{\lambda_c^2 - \lambda_0^2}} \tag{2.8}$$

<u>AN:</u>

$$\lambda_c = \frac{c}{f_c} = \frac{3.10^8}{1.115 10^9} = 0.26 \, m \tag{2.9}$$

Donc

$$\lambda_g = \frac{0.26*0.12}{\sqrt{0.26^2 - 0.12^2}} = 0.1356 \, m \tag{2.10}$$

❖ Comme λ_g est supérieure à λ_0, la vitesse de phase de l'onde guidée est supérieure à la vitesse de la lumière.

➢ **Si $\gamma_0 < \gamma_c$**

La longueur d'onde λ_0 est plus grande que la longueur d'onde λ_c de coupure.

Dans ce cas la constante de propagation guidée devient :

$$\gamma_g^2 = \gamma_0^2 - \gamma_c^2 \tag{2.11}$$

Soit

$$\gamma_g = -j\sqrt{\gamma_c^2 - \gamma_0^2} = -j\alpha_g \tag{2.12}$$

7. Vitesse de Groupe v_g

On montre que la vitesse de propagation de l'énergie le long du guide est donnée par la vitesse de groupe :

$$v_g = \frac{dw}{d\beta} = c\sqrt{1 - \left(\frac{w_c}{w}\right)^2} \tag{2.13}$$

A la coupure, l'énergie ne se propageant pas le long du guide $v_g = 0$.

$$v_g = c\sqrt{1 - (\frac{f_c}{f})^2} \tag{2.14}$$

$$v_g = c\frac{\lambda_0}{\lambda_g} \tag{2.15}$$

_AN_

$$v_g = 3.10^8 \frac{0.12}{0.1387} = 2.59\ 10^8 m/s$$

8. La vitesse de phase

La vitesse de phase d'une onde est la vitesse à laquelle la phase de l'onde se propage dans l'espace. Si l'on sélectionne n'importe quel point particulier de l'onde (par exemple la crête), il donnera l'impression de se déplacer dans l'espace à la vitesse de phase.

La vitesse de variation de la phase, ou vitesse de phase v_φ dans l'axe du guide est supérieure à la vitesse de phase le long d'un « rayon ». Elle vaut :

$$v_\varphi = \frac{\omega}{\beta}$$

La vitesse de phase s'exprime en fonction de la pulsation de l'onde ω et du vecteur d'onde β :

Reportons l'expression de $w_c = 2\pi fc$ dans l'équation de dispersion, de façon à exprimer en fonction de la fréquence

$$\beta = \frac{w}{c}\sqrt{1 - (\frac{w_c}{w})^2} = \frac{w}{c}\sqrt{1 - (\frac{v_c}{v})^2} \tag{2.16}$$

On en déduit :

$$\frac{\omega}{\beta} = \frac{c}{\sqrt{1 - (\frac{\omega_c}{\omega})^2}} = \tag{2.17}$$

Donc :

$$v_\varphi = \frac{c}{\sqrt{1 - (\frac{f_c}{f})^2}} \tag{2.18}$$

$$v_\varphi = c\frac{\lambda_g}{\lambda_0} \tag{2.19}$$

_AN_

$$v_\varphi = 3.10^8 \frac{0.1387}{0.12} = 3.46 10^8\ m/s$$

✓ Pour $w > w_c$, il vient $v_{\varphi} > c$. La vitesse de phase est toujours plus grande que la vitesse de la Lumière et tend vers l'infini à la fréquence de coupure pour $\omega_c = \omega$

✓ Ces deux vitesses sont reliées par l'expression suivante :

$$v_g * v_{\varphi} = c^2$$

Deux régimes de valeurs de λ_0 influent sur la propagation de l'onde

➢ Lorsque $\lambda_0 < \lambda_c$

L'onde se propage dans le guide sans atténuation (si le milieu qui rempli le guide est sans perte)

➢ Lorsque $\lambda_0 > \lambda_c$

L'onde se propage dans le guide avec une atténuation exponentielle. C'est pourquoi λ_c est appelée la longueur d'onde de coupure. D'après les études qu'on a faites, on a remarqué que le mode TE_{11} est le mode le plus dominant lorsqu'on a utilisé un guide d'onde circulaire et le mode TEM non applicable dans les guides d'onde.

Un guide d'onde se comporte donc comme un filtre passe-haut.

9. L'atténuation de l'énergie électromagnétique

Il existe deux types de pertes dans les guides d'ondes :

1. Pertes à la surface des parois du guide, dues à la conductivité finie des métaux.

2. Pertes dans le diélectrique, lorsque celui-ci est autre que l'air.

Au-dessous de la fréquence de coupure, l'ampleur du champ (domaine) dans le guide d'ondes se délabre exponentiellement.

10. Phase expérimentale

Après les recherches et les études qu'on a faites à la première partie, on doit passer à la phase analytique.

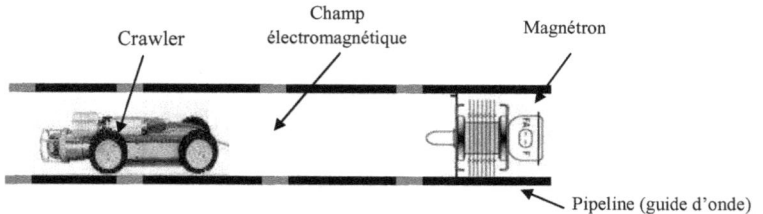

Figure 2.8 *Schéma de principe du notre système*

Pour un guide d'ondes circulaire avec le diamètre (a) un et la longueur (d), comme illustré dans la Figure 2.9, le mode de propagation avec une fréquence de coupure la plus basse avec un mode TE_{11}.

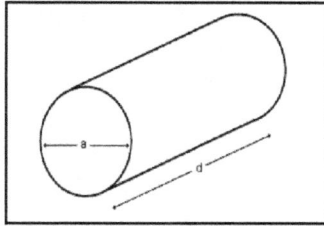

Figure 2.9 *Guide d'onde circulaire*

Les parois sont considérées comme étant des conducteurs parfaits, l'intérieur est rempli d'un isolant de permittivité ε et de perméabilité μ_0.

- C : Célérité de la lumière dans le vide $3.10^8 ms^{-1}$
- μ_0: Perméabilité magnétique du vide $4\pi 10^{-7} Hm^{-1}$
- Le diamètre du guide d'ondes 6"
- La longueur de guide d'onde d=700m
- Fréquence de travail 2.45 GHz

Tableau 2. 1 Les valeurs de ρ'_{nm} pour le mode TE

N	p'_{n1}	p'_{n2}	p'_{n3}
0	3.832	7.016	10.174
1	1.841	5.331	8.536
2	3.054	6.706	9.970

❖ La propagation Constante du mode TE_{mn} est égale à,

$$\beta_{TE,nm} = (K_0^2 - K_{c,TE,nm}^2)^{\frac{1}{2}} \tag{2.20}$$

$$\beta_{TE,nm} = ((\omega^2\mu\varepsilon - (\frac{\rho'_{nm}}{a/2})^2)^{1/2} \tag{2.21}$$

$$\beta_{TE,nm} = ((\frac{2\pi}{\lambda_0})^2 - (\frac{\rho'_{nm}}{a/2})^2)^{1/2}$$

$D'où \quad \dfrac{dJ_n(\frac{\rho'_{nm}}{a/2}r)}{dr}=0, \ à \ r=^a/_2$

AN :

$$\lambda_0 = \frac{c}{f} = \frac{3.10^8}{2.45.10^9} = 0.1224m = 12.24cm$$

$$\beta_{TE,11} = \left(\left(\frac{2\pi}{0.1224}\right)^2 - (\frac{\rho'_{11}}{a/2})^2\right)^{1/2}$$

$$\beta_{TE,11} = \left(\left(\frac{2*3.14}{0.1224}\right)^2 - (\frac{1.841}{a/2})^2\right)^{1/2}$$

$$\beta_{TE,11} = 45$$

❖ La constante k_c,

$$k_{c,TE,nm} = (\frac{\rho'_{nm}}{a/2}) \tag{2.22}$$

AN :

$$k_{c,TE,11} = (\frac{1.8412}{a/2})$$

$$k_{c,TE,11} = 24.16$$

❖ La fréquence de coupure des modes TE_{nm} est égale à

$$f_{c,nm} = \frac{c}{2\pi}k_{c,nm} = \frac{c}{2\pi}(\frac{\rho'_{nm}}{\frac{a}{2}}) \tag{2.23}$$

AN :

$$f_{c,11} = (3.10^8/2\pi)*(\frac{1.8412}{\frac{a}{2}})$$

$$f_{c,11} = 1.15 \ GHZ$$

❖ Longueur d'ondes Guidée du mode TE_{nm}

$$\lambda_{g,TE,nm} = {2\pi}/{\beta_{TE,nm}} = {2\pi}/{(k_0^2 - k_{c,TE,nm}^2)^{1/2}} \tag{2.24}$$

$$\lambda_{g,TE,nm} = \frac{2\pi}{(\omega^2 \mu \varepsilon - (\frac{p'_{nm}}{\frac{a}{2}})^2)^{1/2}} \qquad (2.25)$$

$$\lambda_{g,TE,nm} = \frac{2\pi}{((\frac{2\pi}{\lambda_0})^2 - (\frac{p'_{nm}}{\frac{a}{2}})^2)^{1/2}} \qquad (2.26)$$

$$\lambda_{g,TE,nm} = \frac{\lambda}{\sqrt{1 - (\frac{\lambda}{\lambda_{c,TE,nm}})^2}} = \frac{\lambda}{\sqrt{1 - ((\frac{f_{c,TE,nm}}{f}) * (\frac{f_{c,TE,nmf}}{f}))}} \qquad (2.27)$$

AN :

$$\lambda_{g,TE,11} = \frac{0.1224}{\sqrt{1 - ((\frac{1.15 * 10^9}{2.45 * 10^9}) * (\frac{1.15 * 10^9}{2.45 * 10^9}))}}$$

$$\lambda_{g,TE,11} = 0.1386m$$

❖ *Vitesse de phase mode* TE_{nm},

$$v_{p,TE,nm} = \frac{\lambda_{g,TE,nm}}{\lambda} c = \frac{2\pi}{\lambda \beta_{TE,nm}} c = \frac{2\pi}{\lambda (k_0^2 - k_{c,TE,nm}^2)^{1/2}} c \qquad (2.28)$$

$$v_{p,TE,nm} = \frac{2\pi}{\lambda(\omega^2 \mu \varepsilon - (\frac{p'_{nm}}{a/2})^2)^{1/2}} c \qquad (2.29)$$

$$v_{p,TE,nm} = \frac{2\pi}{\lambda\left[(\frac{2\pi}{\lambda})^2 - (\frac{p'_{nm}}{a/2})^2\right]^{1/2}} c \qquad (2.30)$$

AN :

$$v_{p,TE,11} = \frac{6.28}{\lambda\left[(\frac{6.28}{0.1224})^2 - (\frac{1.841}{a/2})^2\right]^{1/2}} 3 * 10^8$$

$$v_{p,TE,11} = 3.46 \ 10^8 m/s$$

❖ *Vitesse de Groupe du mode* TE_{nm}

$$v_{g,TE,nm} = \frac{\lambda}{\lambda_{g,TE,nm}} c = \frac{\lambda \beta_{TE,nm}}{2\pi} c \qquad (2.31)$$

$$v_{\rho,TE,nm} = \frac{\lambda((\frac{2\pi}{\lambda_0})^2 - (\frac{p'_{nm}}{a/2})^2)^{1/2}}{2\pi} c$$

AN :

27

$$v_{p,TE,11} = \frac{\lambda\left(\left(\frac{6.28}{\lambda_0}\right)^2 - \left(\frac{1.841}{a/2}\right)^2\right)^{1/2}}{6.28} \; 3*10^8$$

$$v_{g,TE,11} = 2.59 10^8 \; m/s$$

❖ L'épaisseur de peau

D'après les normes internationales l'alliage principal de n'importe quel pipeline utilise pour transporter les hydrocarbures le Carbon Steel ou super duplex. C'est pour cela qu'on va déterminer leur épaisseur de peau.

✓ Si l'alliage de guide d'onde Carbon Steel :

$$\delta = \sqrt{\frac{2}{\omega \, \mu \, \sigma}} = \sqrt{\frac{2 \, \rho}{\omega \, \mu}} = \sqrt{\frac{2*104*10^{-9}}{2\pi*2.45*10^9*10000}} = 1.35^{-21} m \qquad (2.32)$$

✓ Si l'alliage de guide d'onde super duplex :

$$\delta = \sqrt{\frac{2}{\omega \, \mu \, \sigma}} = \sqrt{\frac{2*104*10^{-9}}{2\pi*2.45*10^9*10000}} = 1.35^{-21} m \qquad (2.33)$$

11. Conclusion

Dans ce chapitre nous avons présenté la théorie d'utilisation des guides d'onde pour véhiculer l'énergie électrique entre la station d'émission et le système de chargement des batteries de notre robot sans contact, pour maximiser la puissance récupérée au niveau des antennes patchs en prenant en considération toutes les équations nécessaires.

Le choix et le type de la source d'onde électromagnétique et la puissance d'émission font l'objet d'études plus approfondies dans le chapitre suivant.

Chapitre III
Emetteur d'énergie électrique sans fil

1. Introduction

Dans ce chapitre, nous allons présenter un système ayant une source d'énergie électromagnétique capable de propager le rayonnement dans le pipeline à une grande distance.

Ce chapitre se divise en deux grandes parties, la première est basée sur le principe de chargement des batteries par flux magnétique, le deuxième est basée sur l'étude physique et technique du système de transmission de l'énergie à travers les ondes électromagnétiques pour charger les batteries de robot Crawler et nous allons présenter leurs avantages.

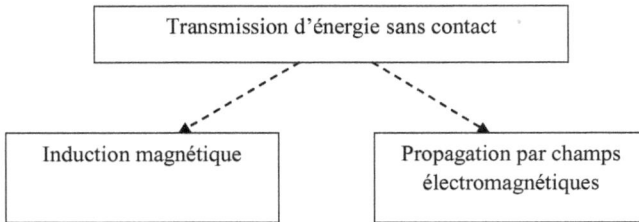

Figure 3.1 *Principe de transmission d'énergie sans contact*

2. Principe d'un chargeur sans fil par effet inductive

Dans cette partie nous allons étudier la possibilité de transférer le flux magnétique de l'extérieur de pipeline vers l'intérieur qui est illustré à la figure 3.2.

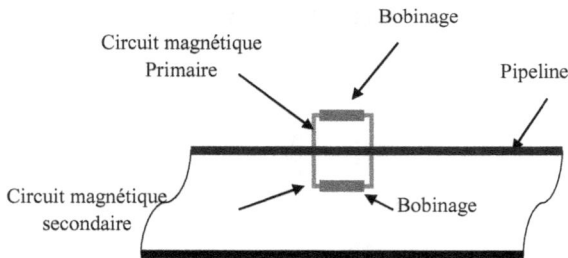

Figure 3.2 *Principe de charger*

2.1. Principe de fonctionnement

Pour charger les batteries de robot Crawler il faut avoir une source d'alimentation stabilisée. Dans notre cas, il est impossible de fournir une source de tension car les batteries existent dans une enveloppe bien fermée (pipeline) ; donc la seule solution est de charger les batteries sans fil de l'extérieur par induction.

30

Notre chargeur est un organe statique d'adaptation ; il adapte la tension et l'intensité d'une source primaire alternative à la (ou aux) tension(s) et intensité(s) d'un secondaire, sans modification de la fréquence appliquée à l'entrée.

La fonction première des composants magnétiques est de transmettre l'énergie. Un composant magnétique est classiquement constitué d'un circuit magnétique autour duquel prennent place deux bobines : un bobinage première constitué de n1 spires et un bobinage secondaire constitué de n2 spires.

2.2. Représentation magnétique

La figure 3.3 (a) montre une représentation schématique d'un chargeur monophasé à deux enroulements. Le circuit magnétique est réalisé avec un matériau à haute perméabilité (quelques 10000000) mais non infinie.

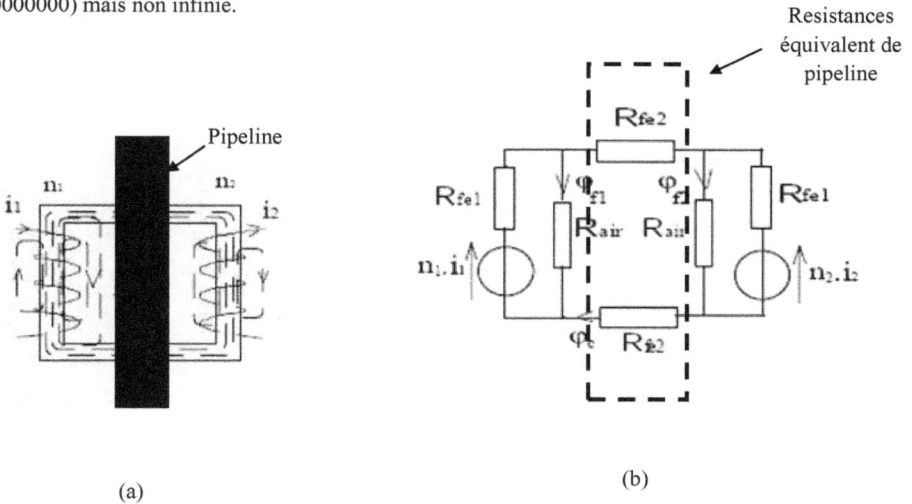

(a)   (b)

Figure 3.3 *Schéma d'un circuit magnétique élémentaire*

(a) Schéma réel   (b) Schéma équivalent

Le schéma magnétique équivalent de la figure 3.3 (b) représente les réluctances du noyau ferromagnétique, de pipeline et de l'air.

2.3. Phase expérimentale

Après les recherches et les études que nous avons faites, l'étape pratique nous fournit les résultats des tests suivants

31

❖ Premier test :

On prend deux circuits magnétiques de forme « E » ; l'un doit être installé dans le Crawler (à l'intérieur de pipeline) ; l'autre existe à l'extérieur connecté avec le groupe électrogène. Lorsqu'on excite le premier, on ne récupère rien à la sortie du secondaire.

❖ Deuxième test :

On prend deux circuits magnétiques de forme « E » ; l'un doit être installé dans une boite métallique à l'intérieur du pipeline ; l'autre existe à l'extérieur connecté avec le groupe électrogène. Lorsqu'on excite le premier, on récupère à la sortie du secondaire une tension V_2 de l'ordre de 3Volts.

❖ Troisième test :

On prend deux circuits magnétiques de forme « U » ; l'un doit être installé dans une boite en plastique à l'intérieur du pipeline ; l'autre existe à l'extérieur connecté avec le groupe électrogène. Lorsqu'on excite le premier on récupère à la sortie du secondaire une tension V_2 de l'ordre de 4 Volts.

❖ Quatrième test :

On prend deux circuits magnétiques de très haute perméabilité de forme « U » ; l'un doit être installé dans un cylindre (de forte épaisseur) ; l'autre existe à l'extérieur connecté avec le groupe électrogène. Lorsqu'on excite la première, on récupère à la sortie du secondaire une tension V_2 de l'ordre de 7 Volts.

❖ Résultat expérimental :

On remarque que la résistivité du pipeline est très élevée de telle sorte que les lignes de champs magnétiques en court circuit. On peut expliquer ce phénomène par l'analogie magnétique électrique présentée par ce schéma équivalent (Figure 3.3).

2.3. Les avantages et les inconvénients de cette technique

❖ Les avantages de cette technique
➢ Moins cher, car on ne doit pas utiliser des grands équipements (camion d'inspection).
➢ Facile à utiliser.
➢ Rentable,
➢ Fiable,
❖ Les inconvénients majeurs de cette technique
➢ Pertes par effet Joule.

> Pertes par courants de Foucault.

> Rendement de notre chargeur faible.

> Nécessiter d'un système de localisation du Crawler à l'intérieur du pipeline.

Pour garantir le transfert d'énergie du côté primaire vers le côté secondaire, il faut avoir un circuit magnétique de très haute perméabilité, c'est-à-dire avoir un circuit à une résistance très faible. Donc, avec cette technique on a un problème d'adaptation de circuit magnétique, mais ce problème ne peut pas être résolu facilement car l'alliage du pipeline change avec le changement de l'utilisateur.

3. Principe d'un chargeur de batterie sans fil par faisceaux de micro-onde

Pour charger les batteries de Crawler sans fil par micro-onde, on doit se baser sur le principe de transfert d'énergie par onde électromagnétique.

❖ Les avantages de cette technique :

> Grande distance

> Antenne directrice

> Miniaturisation antenne

❖ Les inconvénients majeurs de cette technique :

> Niveau d'émission autorisé

> Ecrantage des milieux conducteurs (métal, eau…)

> Rendement de la conversion micro onde-DC.

3.1. Schéma bloc

Le chargeur des batteries sans fil par micro onde est présenté dans la figure 3.4.

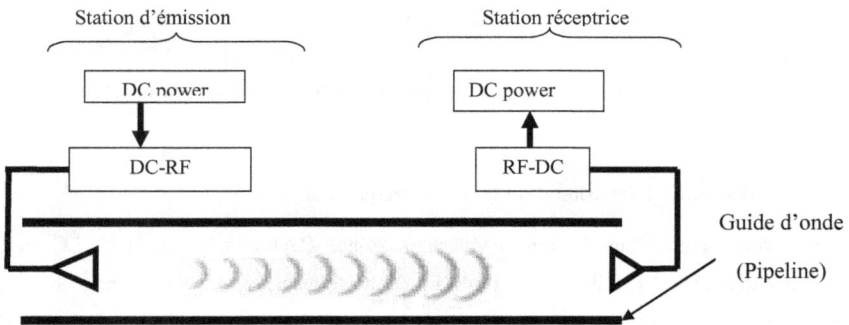

Figure 3.4 *Schéma bloc d'un chargeur sans fil par micro-onde*

33

3.2. Choix de la bande de fréquence pour le TESF

L'un des aspects importants du transport d'énergie sans fil est la fréquence ou la longueur d'onde à laquelle on l'utilise. Le choix de la bande de fréquence utilisé au TESF influe tout d'abord sur le rendement et les pertes éventuelles. La première étape consiste à prendre en considération les propriétés physiques du milieu de propagation de l'onde.

Dans l'espace, il n'y a pas de pertes de transmission pour une gamme de fréquences allant du gigahertz aux fréquences optiques. Cependant, dans l'atmosphère, des atténuations apparaissent en hautes fréquences. Il est important de prendre en considération ces atténuations pour une meilleure fiabilité du système [35].

La figure ci-dessous nous montre l'atténuation atmosphérique en fonction de la fréquence.

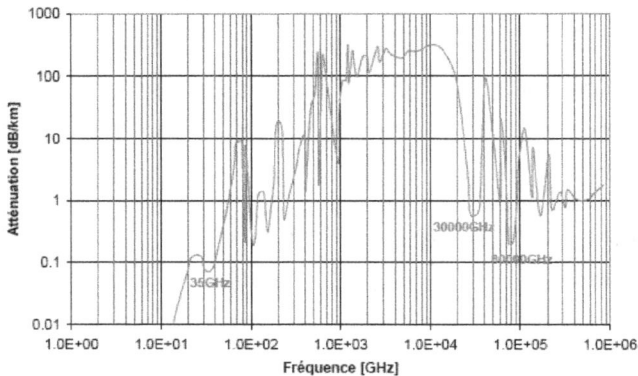

Figure 3.5 *Atténuation atmosphérique en fonction de la fréquence*

La bande S-ISM (2.4GHZ à 2.5GHz) est très intéressante étant donné que l'on peut utiliser dans ce domaine.

Conformément aux critères d'attribution des fréquences imposées par l'Agence Nationale des Fréquences, la bande ISM est destinée aux applications à vocation Industrielle, Scientifique et Médicale.

4. Dispositif d'émission d'ondes hyperfréquences

Ce système a pour but de transformer la puissance électrique du réseau STEG en une onde hyperfréquence à 2,45 GHz. Cette transformation s'effectue à l'aide d'un magnétron. Une onde obtenue est ensuite concentrée en un faisceau véhiculant une forte puissance. Enfin, un dimensionnement du système est proposé, sur la base d'un bilan de liaison, prenant en compte toute

34

la chaîne de transmission d'énergie sans fil. Une source hyperfréquence unique de puissance de l'ordre de 800W, s'avère nécessaire. Pour projeter cette onde vers le système de réception et redressement situé à 700 m.

4.1. Le magnétron

Le magnétron est constitué d'une anode cylindrique composée de cavités. Celles-ci se trouvent dans l'axe d'une cathode chauffante. Plus il y a de cavités plus le rendement est élevé. L'anode et la cathode sont séparées par un espace que l'on appelle l'espace d'interaction qui se trouve sous vide. Ces cavités dites « cavités résonnantes » peuvent avoir des formes différentes selon le magnétron considéré. On trouve aussi deux aimants qui sont fixés perpendiculairement par rapport à l'axe du tube [36].

Un champ électrique continu est appliqué entre l'anode et la cathode. Ce champ a une valeur de l'ordre de plusieurs kilovolts pour un espace d'interaction de quelques millimètres. Les électrons libérés par la cathode sont accélérés par le champ électrique continu. En l'absence des aimants, les électrons iraient directement sur l'anode. La combinaison des deux champs crée un nuage d'électrons tournant entre l'anode et la cathode. Ces charges entrent en interaction avec les cavités résonnantes du bloc anodique qui deviennent le support d'oscillations électromagnétiques. Les dimensions de ces cavités sont calculées pour que les ondes aient une fréquence de 2450 MHz [37].

4.2. Historie du magnétron

L'oscillation électromagnétique entre deux pôles a été développée durant les années 1920 par Albert Hull du laboratoire de recherche de la General Electric à Schenectady, New York, un système peu efficace[48]. Ensuite, la première cavité résonnante a été créée par le tchèque Augustin Žáček, professeur de l'université Charles de Prague. Ce principe a été suivi à la fin des années 1930 pour créer le magnétron afin de fournir au radar naissant une source   radioélectrique puissante (plusieurs centaines de watts) et de longueur d'onde centimétrique permettant une plus fine résolution de détection [38]. Les oscillateurs à tubes utilisés auparavant étaient incapables de fournir de telles puissances (d'où une portée insuffisante des radars) et des fréquences élevées (d'où une discrimination angulaire faible).

4.3. Description du magnétron

Le magnétron est un tube à structure coaxiale et à symétrie circulaire (Figure 3.6). Il est constitué d'une anode cylindrique creuse, dans l'axe de laquelle se trouve une cathode à chauffage direct ou indirect. La distance séparant anode et cathode détermine l'espace d'interaction qui se trouve sous un vide très poussé [39]. Le bloc anodique, creusé de cavités résonnantes, peut avoir des formes diverses suivant le type de magnétron.

Une sortie de type coaxial permet de coupler le magnétron au circuit de sortie, et le bloc anodique est muni d'un système de refroidissement par ailettes (ou par circulation d'eau pour les fortes puissances).

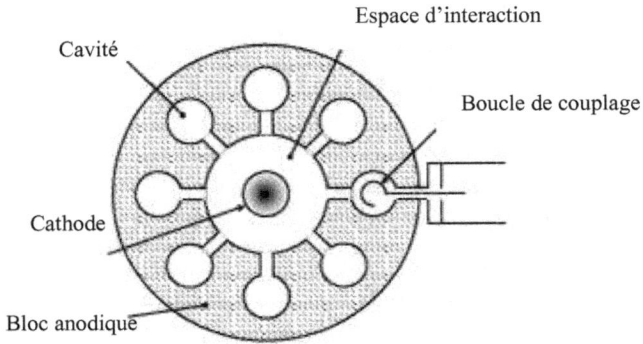

Figure 3.6 *Description d'un magnétron*

4.4. Principe de fonctionnement

Le principe de fonctionnement du magnétron, est basé sur l'excitation de cavités résonnantes par un courant d'électrons issus de la cathode, et qui peut être schématisé sous la forme d'une structure stratifiée à trois rayons d'action (Figure 3.7).

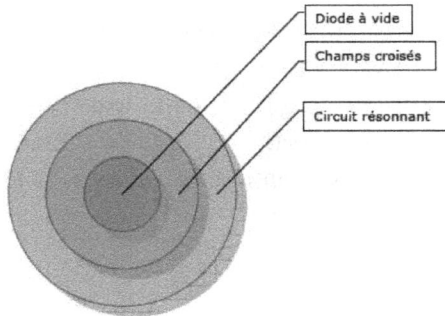

Figure 3.7 *Représentation simplifiée du fonctionnement du magnétron*

36

4.5. Circuit résonnant

Quelle que soit la structure de l'anode, le circuit résonant anodique est constitué de l'association de plusieurs cavités résonnantes. En considérant un seul mode de résonance, chaque cavité peut être représentée sous la forme d'un circuit oscillant L-C.

Ainsi, comme le montre la figure 3.8, le comportement d'un circuit anodique à huit cavités est généralement simplifié à l'étude de huit oscillateurs L-C couplés entre eux. En raison de ce couplage, plusieurs modes de résonnance coexistent dans un magnétron.

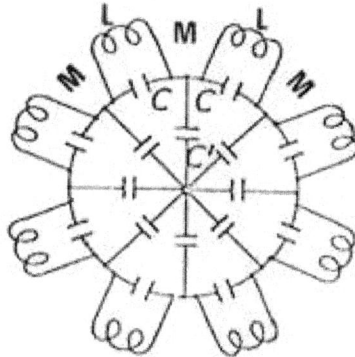

Figure 3.8 *Schéma électrique simplifié d'un circuit résonant anodique*

4.6. La composition d'un magnétron

Le magnétron est un tube à symétrie circulaire. Il est constitué d'une anode cylindrique creuse, dans l'axe de laquelle se trouve une cathode à chauffage direct ou indirect. Pour le chauffage indirect, un filament hélicoïdal, généralement en tungstène au thorium, s'enroule autour de la cathode [40].

L'anode est, de plus, composée de cavités résonnantes qui peuvent avoir des formes différentes selon le magnétron.

L'anode et la cathode sont séparées par un vide d'air que l'on appelle aussi espace d'interaction, comme montre la figure 3.9.

Enfin, on trouve aussi des aimants ou bien électro-aimants fixés transversalement par rapport à l'axe du tube en haut et en bas du bloc anodique ainsi qu'un système de refroidissement du bloc anodique (par ailettes) ou bien par circulation à eau pour les magnétrons de forte puissance.

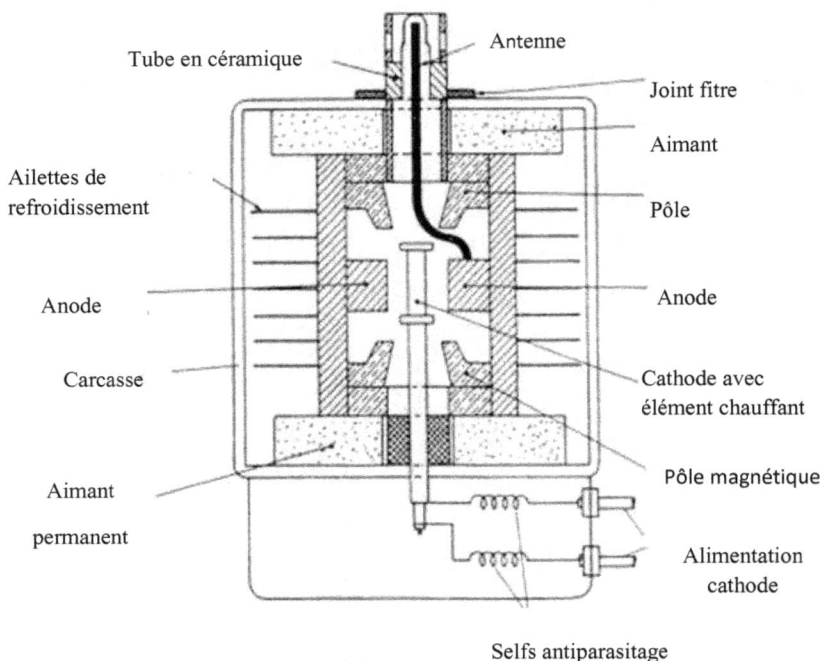

Figure 3.9 *Une coupe transversale du magnétron*

4.7. L'action des champs électromagnétiques

Un champ électrique continu est appliqué entre l'anode et la cathode. Ce champ a une tension de l'ordre de plusieurs kilovolts (environ 4000V), ce qui est énorme pour un espace d'interaction (espace entre l'anode et la cathode) de quelques millimètres.

Les électrons libérés par la cathode sont alors accélérés par le champ électrique continu. Cependant en l'absence des aimants, les électrons iraient directement sur l'anode selon des trajectoires radiales (Voir Figure 3.10) ce qui empêcherait la création des micro-ondes.

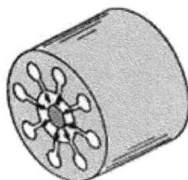

Figure 3.10 *Action du champ magnétique*

38

Les flèches représentent les trajectoires des électrons (ici radiales) en l'absence de champ magnétique créé par les aimants.

En fait, les aimants vont créer un champ magnétique perpendiculaire à l'axe anode/cathode, qui va donner aux électrons un mouvement circulaire autour de la cathode (Voir Figure 3.11). On dit alors que les trajectoires des électrons sont hélicoïdales.

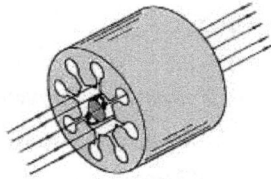

Les longues flèches représentent le sens du courant électrique.

Figure 3.11 *Action des champs croisés*

Les petites flèches représentent les trajectoires hélicoïdales des électrons en présence d'un champ magnétique.

Ces charges évoluant entre l'anode et la cathode vont entrer en interaction avec les cavités résonnantes du bloc anodique qui deviennent le support d'oscillations électromagnétiques.

En fait le rayonnement électromagnétique (les micro-ondes pour le four) est dû à la vibration des électrons dans les cavités résonnantes.

5. Présentation générale d'émetteur d'onde électromagnétique

Principe de notre émetteur d'onde électromagnétique représenté par ce schéma bloc.

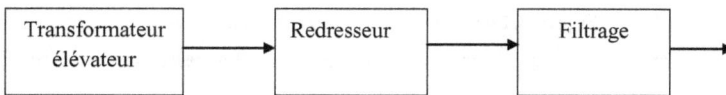

Figure 3.12 *Schéma structurel du générateur d'onde électromagnétique*

L'énergie électrique, sous la forme d'une tension alternative (haute et basse tension) est transformée en tension continue par l'intermédiaire d'un transformateur élévateur, de diode et de condensateur comme montre la figure 3.13.

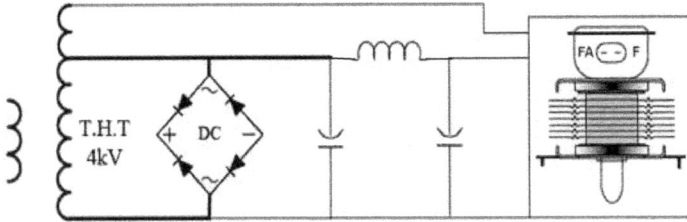

Figure 3.13 *Schéma de principe de l'alimentation DC HT*

Un magnétron est un oscillateur émettant de l'énergie électromagnétique à la fréquence de 2450 MHz. Pour son fonctionnement, il faut une différence de potentielle de 4000v entre la cathode et l'anode.

L'émetteur d'ondes électromagnétiques. Il est alimenté par deux tensions :

Basse tension (BT)=3.2 V

Haute tension (HT)= 4000 V.

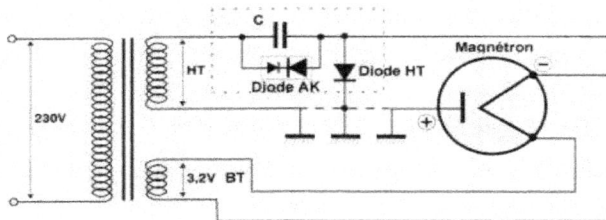

Figure 3.14 *Schéma électronique de l'émetteur*

La haute tension crée un champ électromagnétique puissant. La basse tension crée un champ électrique qui va se transformer en ondes électromagnétiques émises par l'antenne. Ces deux tensions sont générées par un transformateur à double enroulement secondaire qui permet l'alimentation du magnétron:

➢ L'enroulement primaire est alimenté sous 230V. Il est constitué de section moyenne.

➢ Un enroulement secondaire qui délivre une basse tension de 3,2 Volts nécessaires à l'alimentation du filament du magnétron.

➢ Un enroulement secondaire qui délivre une haute tension nécessaire à la création du champ électrique.

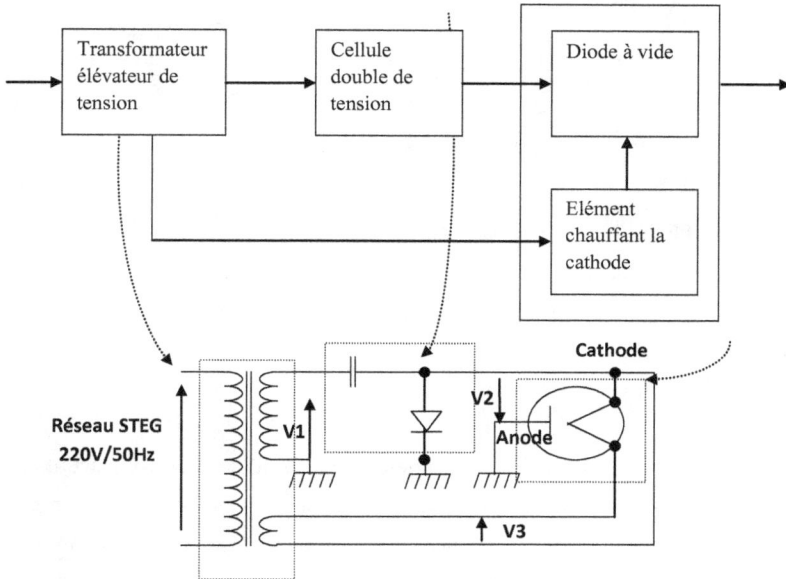

Figure 3.15 *Schéma bloc de notre émetteur*

✓ Alternance positive

A cette phase, le courant circule dans le sens de la diode (Anode vers la cathode). Le condensateur V_c se charge jusqu'à la valeur crête de l'alternance du secondaire du transformateur V_{2HT}.

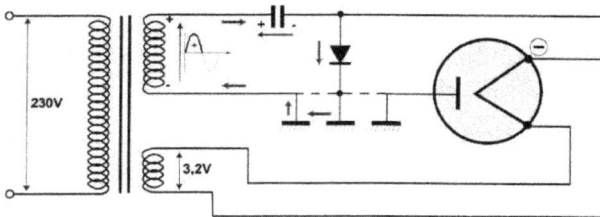

Figure 3.16 *Comportement de montage si l'alternance positive*

✓ Alternance négative

A cette phase, la diode de puissance est bloquée. La tension du condensateur V_c s'ajoute à la tension de l'alternance négative de V_{2HT}.

41

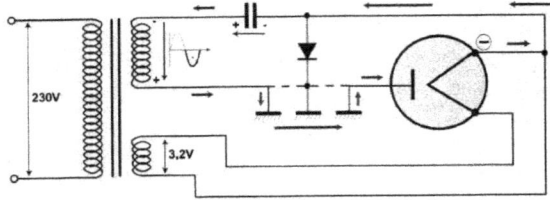

Figure 3.17 *Comportement de montage si l'alternance négative*

L'addition de ces 2 tensions est appliquée au magnétron. On atteint ainsi le seuil des - 4 000 *Volts* nécessaires à la conduction du magnétron. Le magnétron produira des ondes électromagnétiques durant l'alternance négative.

6. Conclusion

Dans ce chapitre, nous avons présenté la théorie d'utilisation d'une source capable de convertir l'énergie électrique en énergie électromagnétique guidée dans un pipeline sans contact. En partant par des paramètres nécessaires pour assurer le meilleur rendement de notre chargeur sans fil.

L'opération inverse c-à-d conversion de l'énergie électromagnétique en une énergie électrique fait l'objet d'études plus approfondies dans le chapitre suivant.

Chapitre IV
Convertisseur RF/DC

1. Introduction

Dans ce chapitre, nous présentons l'étude qui permet de convertir l'énergie électromagnétique en énergie électrique.

Nous allons étudier également et modéliser le système qui convertit les signaux radiofréquence en une tension continue soit le logiciel ADS-MOMENTUM. Ce système se compose d'un réseau d'antenne patch à laquelle un système de redressement a été associé afin de convertir l'énergie hyperfréquence en énergie continue.

2. Schéma bloc de notre système

A la réception, il faut capter le maximum d'énergie électromagnétique qui circule dans le pipeline pour charger les batteries de notre robot d'inspection.

On peut représenter le principe de notre système par un schéma synoptique.

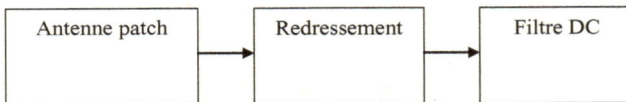

Antenne patch	→	Redressement	→	Filtre DC

Figure 4.1 *Schéma synoptique de notre convertisseur RF/DC*

Le convertisseur d'énergie RF/DC comme indiqué dans la figure 4.1 se compose de trois blocs :

- Le premier bloc est l'antenne de réception, qui est entièrement responsable de la capture de toute l'énergie RF qui est utilisé pour charger notre système.
- Le second bloc est le circuit de rectification.
- Le troisième, un étage de filtrage.

3. Etude d'antenne patch

Nous allons étudier maintenant la première partie concernant l'antenne patch. Les antennes qui répondent à nos besoins sont les antennes plaquées. Elles sont largement utilisées aujourd'hui dans les applications micro-ondes surtout dans les systèmes satellites et dans les applications de communications sans fil.

Dans le cadre de notre projet, l'objectif est de transmettre l'énergie sans fil, ainsi que la réalisation d'une antenne réceptrice polarisée rectilignement et fonctionnant à 2,45 GHz.

3.1. Principe de fonctionnement

Dans sa forme la plus basique, une antenne patch Microstrip se compose d'un patch sur un substrat diélectrique, et un plan de masse de l'autre côté comme le montre la figure (4.2). Le patch est généralement un matériau conducteur comme le cuivre ou l'or et peut prendre n'importe quelle forme possible [41].

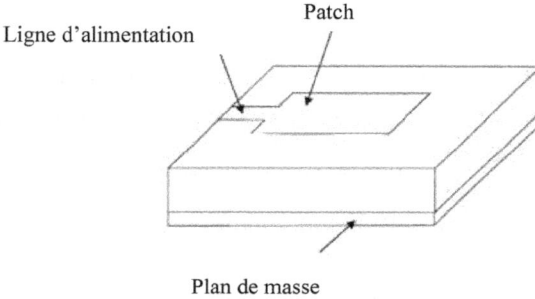

Figure 4.2 *Composition d'antenne patch*

Pour un patch rectangulaire, la longueur L de la ligne de transmission compris entre $0.3333\lambda < L < 0.5\lambda$.

Où λ est la longueur d'onde d'espace libre.

$$\lambda = \frac{c}{f}$$

Le patch est sélectionné pour être très mince de telle sorte que e $<<\lambda$ (où e est le patch épaisseur). La hauteur h du diélectrique est généralement $0,003\ \lambda \leq h \leq 0.05\lambda$. Le constant diélectrique du substrat (ε_r) est typiquement dans la gamme $2,2 \leq \varepsilon_r \leq 12$.

3.2. Caractéristiques des antennes miniatures

La réduction en taille d'une antenne se traduit généralement par une réduction importante de la bande passante ainsi qu'une diminution de son efficacité de rayonnement [42]. En effet, la réduction des dimensions de l'antenne entraine une augmentation de l'intensité des champs électromagnétiques au voisinage de la structure. Les phénomènes de résonance susceptibles de se produire présentent alors un fort coefficient de qualité qui rend délicat l'adaptation de l'antenne ainsi que l'obtention de large bande passante. C'est pourquoi, les antennes imprimées ont la particularité de présenter des performances médiocres qui se dégradent en même temps que leurs dimensions se réduisent. De plus, les antennes sont sensibles aux matériaux métalliques et diélectriques qui constituent leur proche environnement de rayonnement.

45

3.3. Permittivité effective

La propagation des ondes dans une ligne microbande s'effectue à la fois dans le milieu diélectrique et dans l'air comme le montre la figure 4.3. Du point de vue modélisation, les deux milieux sont remplacés par un seul milieu homogène effectif caractérisé par un constant diélectrique exprimé par [43] :

$$\varepsilon_{eff} = \left(\frac{\varepsilon_r + 1}{2} \right) + \left(\frac{\varepsilon_r - 1}{2} \right) \left(1 + 10 \left(\frac{h}{w} \right)^{-\frac{1}{2}} \right) \tag{4.1}$$

Pour la réalisation des circuits hyperfréquences, on recherchera à minimiser le rayonnement en espace libre de la ligne et on choisira en conséquence un substrat tel que l'énergie électromagnétique reste concentrée dans le diélectrique (plus exactement dans la cavité que forme la bande métallique et le plan de masse).

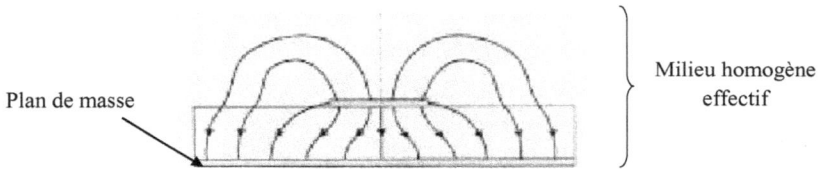

Figure 4.3 *Lignes de champ électrique*

3.4. Choix du substrat

Le substrat joue un rôle primordial dans la fabrication des antennes patchs. Il faut choisir un substrat qui ne soit pas fragile ayant un constant diélectrique faible pour garantir une meilleure efficacité, une large bande passante et une bonne radiation de l'antenne.

L'epoxy comme matériel est généralement utilisé pour la réalisation des circuits imprimés et pas les circuits micro-ondes. Cependant, ce substrat est très répandu sur le marché en plusieurs dimensions et à faible coût, son utilisation dans la réalisation des antennes patchs constituera une originalité intéressante pour la réalisation des antennes patchs à prix compétitif.

Le substrat joue un rôle double dans la technologie microruban. Il est à la fois un matériau diélectrique, où viennent se graver les circuits, et une pièce mécanique, car il supporte la structure. Cela implique des exigences à la fois sur le plan mécanique et électrique. D'épaisseur généralement faible devant la longueur d'onde de fonctionnement (h $<<\lambda_0$), le substrat diélectrique affecte le comportement et les performances électromagnétiques de l'aérien. On préfère souvent utiliser des substrats à faibles pertes diélectriques (tan δ < 10-3) qui favorisent le rendement de l'antenne et ceux à permittivité relative faible ($\varepsilon_r < 3$) qui améliorent le rayonnement tout en diminuant les pertes par ondes de surface pour une hauteur donnée [44].

3.5. Les inconvénients et les Avantages de ce type d'antenne

✓ *Les inconvénients de ce type d'antenne*

Ces antennes présentent un certain nombre d'inconvénients : une faible bande passante, un gain moyen (environ 30 dB) et une limitation des puissances transmises à quelques dizaines de watts. Ces aériens sont par ailleurs fortement dépendants du substrat diélectrique employé dont les caractéristiques ont une forte influence sur les performances électromagnétiques de l'antenne [45]. Une attention particulière doit être portée aux pertes, en particulier à 40 GHz. Finalement, la réalisation dans cette gamme de fréquence peut être difficile puisque les faibles dimensions des éléments rayonnants imposent une précision importante.

✓ *Les avantages des antennes patch*

Les antennes microstrip présentent de nombreux avantages comparés aux antennes   micro-ondes classiques :

* Faible poids, encombrement réduit, configurations conformes possibles ;
* Faible coût de fabrication, production en masse possible ;
* Compatibilité avec les circuits hybrides ;
* Réseaux d'alimentation et d'adaptation fabriqués simultanément avec l'antenne.

4. Etude analytique d'antenne patch

Nous savons que la propagation des ondes dans une ligne microruban s'effectue à la fois dans le milieu diélectrique et dans l'air. Du point de vue modélisation, les deux milieux sont remplacés par un unique milieu effectif caractérisé par une constante diélectrique exprimée par :

$$\varepsilon_{eff} = \left(\frac{\varepsilon_r+1}{2}\right) + \left(\frac{\varepsilon_r-1}{2}\right) + (1 + 12 * (^W/_H))^{-0.5} \tag{4.2}$$

Ainsi la propagation dépend essentiellement :
• De la largeur W des circuits de métallisation
• De constante diélectrique ε_r
•De l'épaisseur h.

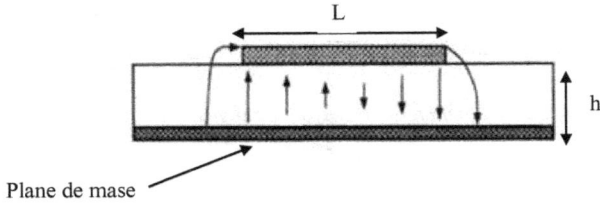

Figure 4.4 *Vue latérale de l'antenne*

En posant les équations de propagations avec les conditions aux limites adéquates, on détermine assez facilement les fréquences de résonances de l'antenne patch rectangulaire [46].

$$f_{mn} = \frac{c}{\sqrt{\varepsilon_r}} \sqrt{(\frac{m}{\pi w_{eff}})^2 + (\frac{m}{\pi L_{eff}})^2} \qquad (4.3)$$

$$W_{eff} = W + 2\Delta W \qquad (4.4)$$

$$L_{eff} = l + 2\Delta L \qquad (4.5)$$

et

$$\Delta_L = 0.412h \frac{(\varepsilon_{reff}+0.3)(\frac{w}{h}+0.264)}{(\varepsilon_{reff}-0.258)(\frac{w}{h}+0.8)} \qquad (4.6)$$

ΔL : représente l'extension de la longueur.

ΔW : S'obtient en remplaçant la largeur W par la longueur L dans la formule précédente.

$$\Delta_L = 0.412h \frac{(\varepsilon_{reff}+0.3)(\frac{L}{h}+0.264)}{(\varepsilon_{reff}-0.258)(\frac{L}{h}+0.8)} \qquad (4.7)$$

Δ_L et Δ_W représentent respectivement les extensions de longueur et de largeur dues.

➤ Largeur du patch W

La largeur du patch a un effet mineur sur les fréquences de résonance et sur le diagramme de rayonnement de l'antenne [47].

Par contre, elle joue un rôle pour l'impédance d'entrée de l'antenne et la bande passante à ses résonances :

$$Z_{in} = 90 \frac{\varepsilon_r^2}{\varepsilon_r-1} (\frac{w}{L})^2 \qquad (4.8)$$

$$B = 3.11 \frac{\varepsilon_r-1}{\varepsilon_r^2} \frac{w}{L} \frac{h}{w} \qquad (4.9)$$

48

Pour permettre un bon rendement de l'antenne, une largeur W pratique est :

$$\overline{\qquad} \quad \overline{\qquad}$$ (4.10)

> Longueur du patch L

La longueur du patch détermine les fréquences de résonance de l'antenne [48]. Il ne faut surtout pas oublier de retrancher la longueur ΔL correspond aux extensions des champs :

$$\overline{\qquad} \quad \Delta$$ (4.11)

> Calcul les dimensions du plan de masse

Le modèle de ligne de transmission est applicable aux plans de masse infinie seulement. Toutefois, pour des raisons pratiques, il est essentiel d'avoir un plan de masse finie. Le sol fini ne peut être obtenue si la taille du plan de masse est plus grande que les dimensions patch d'environ six fois l'épaisseur du substrat tout autour de la périphérie. Ainsi, pour cette conception, les dimensions plan de masse serait donnée en tant que:

(4.12)

(4.13)

5. Logiciel de simulation ADS

Le logiciel de simulation utilisé pour tracer, simuler et prévoir les caractéristiques de l'antenne patch est: ADS pour Advanced Design System qui est grâce à son outil Momentum permet de réaliser une simulation électromagnétique basée sur le quadrillage par éléments finis du patch et présente les valeurs de gain et directivité ainsi que le diagramme de rayonnement en 2D et 3 D.

5.1. L'utilité de l'ADS-Momentum

Durant ces dernières années, le développement de techniques rigoureuses permettant de résoudre les équations de Maxwell a introduit et imposé des outils informatiques électromagnétiques. Ces outils sont de plus en plus utilisés dans l'analyse et la conception de dispositifs hyperfréquences utilisés dans les applications micro-ondes et de communications sans fil. Notre projet est basé sur une série de simulations de structures rayonnantes à diverses fréquences à l'aide d'un simulateur électromagnétique de Hewllet Packard qui s'appelle ADS Momentum.

La technique de simulation qui a été utilisée pour calculer les champs électromagnétiques dans les trois dimensions à l'intérieur d'une structure est basée sur la méthode des moments appliquée aux équations intégrales. Bien que la connaissance de l'implémentation de cette méthode ne soit pas nécessaire à l'utilisateur de Momentum, il a été utile d'avoir une vue globale sur la question.

Afin de pouvoir modéliser le fonctionnement de la source élémentaire, nous avons procédé par la méthode suivante pour représenter de façon informatique notre antenne à l'aide de l'outil Momentum :

- ✓ Création du substrat diélectrique : définir les différentes couches de substrats diélectriques et de métallisation.
- ✓ Création du dessin des différentes couches actives : représenter la zone de métallisation de la ligne d'alimentation, l'élément rayonnant et l'élément parasite.
- ✓ Maillage de la structure : fixer le degré de précision des calculs, ce qui influera sur la durée de la simulation. Afin de bien modéliser les effets de bord, on affine le maillage sur les bords.
- ✓ Simulations, modélisation et création des typons

5.2. *Les différentes modèles de conception d'une antenne patch avec ADS-MOMENTUM*

La conception d'une antenne patch passe par deux modèles :

- ✓ Modèle électrique

En utilisant la théorie des lignes, on conçoit un modèle électrique de l'antenne, on insère le modèle dans le simulateur électrique et en utilisant des méthodes d'optimisation fournies par l'outil, on converge vers les résultats définis par le cahier des charges.

- ✓ Modèle électromagnétique

Après validation du modèle électrique, on génère un layout, et on utilise l'outil Momentum d'ADS pour lancer une simulation électromagnétique qui se base sur la théorie des moments pour déterminer les caractéristiques électriques et rayonnement de l'antenne. Pour lancer la simulation électromagnétique on doit spécifier une fréquence et une densité de maillage du layout.

6. Modélisation et simulation des antennes en technologie microruban

6.1. *Spécifications technique*

- La plaque utilisée doit posséder des dimensions de 100 par 100 mm, sur un substrat époxy de permittivité relative $\varepsilon_r = 4.32$ et d'épaisseur h = 1.6 mm.

- L'épaisseur de la couche d'air entre le plan de masse et le substrat est de 3mm.

- L'épaisseur de la métallisation est de 35 μm.

- Les pertes du substrat sont caractérisées par tan§ = 0,018.

6.2. Simulation d'un réseau d'antenne avec un seul élément

6.2.1. Simulation sous ADS

En Bande S et précisément à la fréquence 2.45 GHz et avec le matériau Epoxy ayant εr=4.2 et h=1.6 mm, les dimensions du patch élémentaire selon les équations (4.3), (4.4), (4.5), (4.6) sont: W=39.55 mm et L=30.45 mm. Alimentation par une ligne microruban d'impédance 50Ω, le schéma électrique du patch élémentaire simulé sous ADS est le suivant:

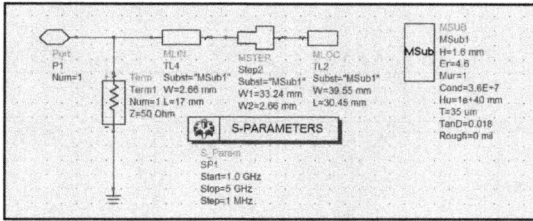

Figure 4.5 *Simulation sous ADS*

Les dimensions d'une ligne 50Ω de longueur λg/2 qui alimente le patch ont été calculées à l'aide de l'utilitaire LineCalc (W=2,6672 mm et L=17 mm).

ADS a beaucoup d'outils intégrés parmi ces outils on à LineCalc. Cet outil calcule les impédances et les dimensions de la géométrie de la ligne d'alimentation.

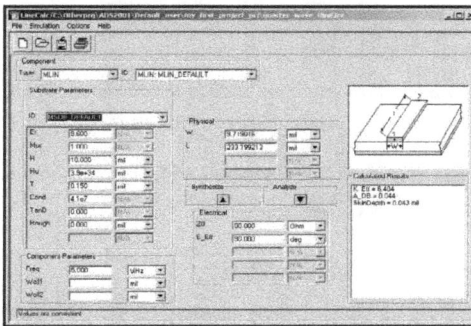

Figure 4.6 *Outil LineCalc*

51

Avec :

La longueur d'onde guidée est calculée par $\lambda_g = \frac{\lambda}{\sqrt{\varepsilon_r}}$ (4.14)

L'adaptation par une ligne quart-d'onde impose l'ajout d'une ligne de $L_{adapté} = \frac{\lambda_g}{4}$ (4.15)

AN :

$$\lambda_g = \frac{\lambda}{\sqrt{\varepsilon_r}} = 73.57mm$$

$$L_{adapté} = \frac{\lambda_g}{4} = 18.4mm$$

On lance la simulation dans la bande de fréquence, On obtient la courbe suivante pour le paramètre S11 en dB.

```
m1
freq=2.417GHz
dB(PATCH1sansencoche_mom..S(1,1))=-7.039
```

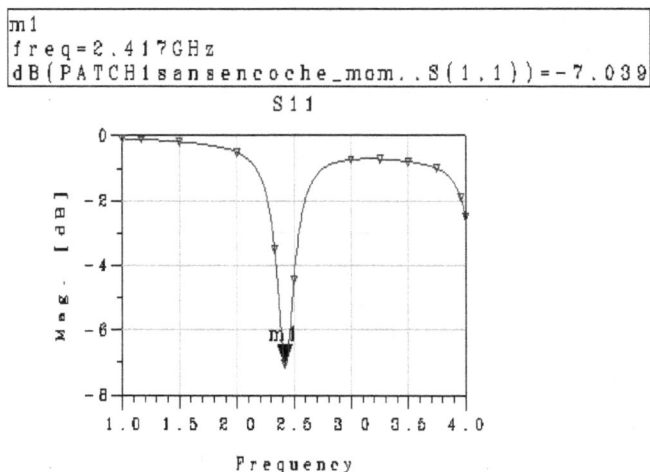

Figure 4.7 *S11 en dB en fonction de la fréquence en simulation*

On a bien un signal centré à la fréquence de l'ordre de 2,45 GHz, mais on a un coefficient de réflexion très faible qui ne dépasse pas -7dB.

6.2.2. *Modélisation sous ADS-MOMENTUM*

On peut faire l'adaptation de l'antenne et son réseau d'adaptation sous ADS en utilisant des lignes microrubans. Mais, vu que la simulation sous ADS n'est pas adaptée aux calculs des éléments rayonnants tels que les antennes, on ne tiendra compte que des résultats des simulations de Momentum.

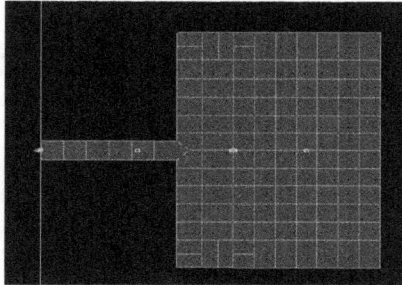

Figure 4.8 *Masque de l'antenne patch*

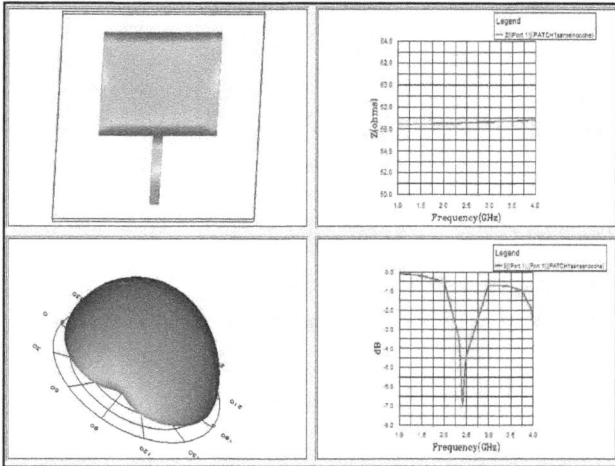

Figure 4.9 *Allure de quelques paramètres de l'antenne*

➢ La puissance rayonnée couvre de façon uniforme toute la superficie supérieure de l'antenne et on voit clairement dans la figure (4.9) la couleur rouge qui est la plus dominante et qui explique bien le degré d'intensité important de la puissance rayonnée.

➢ Ce type d'antenne est très directif, il atteint presque 6.17dB alors que son gain est de très faible valeur de l'ordre de 1.77dB comme c'est montré dans le tableau 4.1.

> Les résultats obtenus selon ce modèle magnétique présente une meilleure adaptation à la fréquence de résonance 2.45 GHz, avec l'inconvénient d'un coefficient de réflexion très réduite.

Tableau 4. 1 Paramètres de l'antenne patch avec plan de masse pour 2.45Ghz

Power radiated (watts)	0.0007331031252	
Effective angle (degrees)	174.87	
Directivity (dB)	6.146193991	
Gain (dB)	1.775215146	
Maximum Intensity (Watts/Steradian)	0.0002402008965	
Angle of U Max (theta, phi)	6.00	0
E(theta) Max (mag. phase)	0.4254189975	-15.86993863
E(phi) Max (mag.phase)	0.0007825944626	-14.12688932
E(x) Max (mag.phase)	0.4230885077	-15.86993863
E(y) Max (mag.phase)	0.0007825944626	-14.12688932
E(z) Max (mag.phase)	0.04446839406	164.1300614

OK

Pour améliorer les performances de l'antenne patch et avoir une bonne adaptation d'impédance on doit ajouter des encoches.

6.3.   Simulation d'une seule antenne avec encoche

L'adaptation par encoche consiste à réaliser une encoche dans le patch et insérer la ligne d'alimentation d'une impédance caractéristique de 50Ω. Les dimensions des encoches sont données par les relations suivantes

$$Y_0 = \frac{L}{\pi} Arc \cos \left(\sqrt{2 * G * Z(Y_0)} \right) \qquad (4.16)$$

Avec :

$$G = \frac{W}{120\lambda} \left(1 - \frac{(k_0 * h)^2}{24} \right) \qquad (4.17)$$

On trouve alors

h=0,4 mm

y_0= 12,45 mm

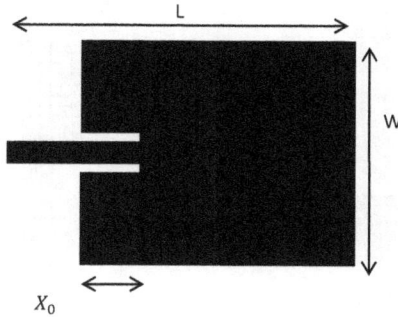

Figure 4.10 *Masque de l'antenne patch*

On réalise le layout de l'antenne avec encoches et on simule sous Momentum, on obtient un coefficient de réflexion de l'ordre de -24,43 dB.

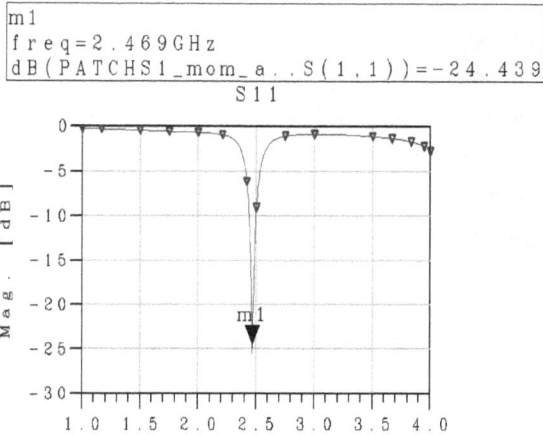

Figure 4.11 *Allure du coefficient de réflexion*

- On remarque que le coefficient de réflexion à l'entrée de l'antenne S11 passe de -7 dB à -24 ,43 dB après l'insertion des encoches.

- L'adaptation par encoche représente une meilleure solution en terme de coefficient de réflexion avec une dimension de la bande passante.

- L'impédance Z de cette antenne est constante de l'ordre de 56.5Ω

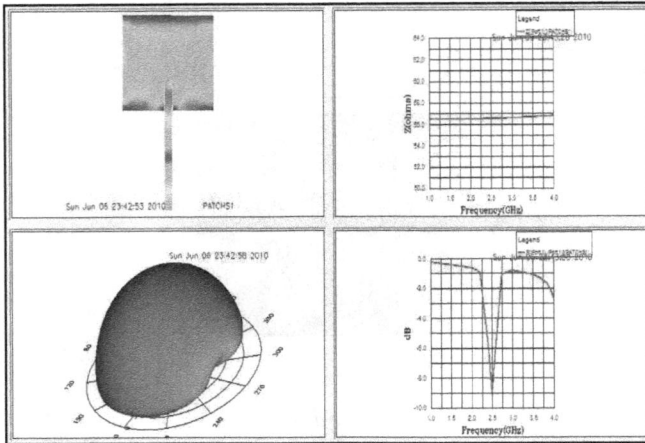

Figure 4.12 *Caractéristiques pour une antenne avec plan de masse*

➢ Ce type d'antenne est très directif, il atteint presque 6dB alors que son gain est très faible de l'ordre de 1.43 dB, donc on remarque que ces paramètres de l'antenne n'atteignent pas les paramètres du tableau 4.2.

➢ La puissance rayonnée couvre de façon uniforme toute la superficie supérieure de l'antenne et on voit clairement dans la figure 4.12 la couleur rouge qui est la plus dominante et qui explique bien le degré d'intensité important de la puissance rayonnée.

➢ On est bien adapté mais on n'a pas un gain très important, c'est pour cela qu'on va essayer de réaliser une antenne réseau à deux étages pour augmenter la bande passante et aussi le gain de notre antenne.

Tableau 4.2 Paramètres de l'antenne patch avec plan de masse pour 2.45Ghz

7. Simulation et réalisation d'une antenne réseau à plusieurs étages

Après avoir effectué les mesures avec un seul patch, on simule maintenant une antenne réseau à n étages afin d'améliorer le gain et la directivité.

Avant de choisir le nombre d'étage à appliquer aux patchs, il est nécessaire de définir leur nombre et leur espacement.

Déterminer la géométrie du réseau consiste à mettre en réseau les éléments rayonnants primaires suivant une disposition géométrique particulière permettant de répondre au mieux aux exigences imposées en terme de gain, de taille maximale et de diagrammes de rayonnement. L'objectif est ici de choisir le nombre total d'éléments et l'espacement entre ceux-ci (le pas du réseau) afin d'atteindre les niveaux de gain souhaités.

Rappelons que le gain maximum est obtenu lorsque la distance entre sources est comprise entre 0.5 et $0.9\lambda_0$ [49]. Si les sources sont trop proches les unes des autres, un phénomène de couplage réduit la valeur du gain. Lorsqu'elles sont trop éloignées, des lobes de réseaux apparaissent et réduisent également le gain dans l'axe. La distance entre éléments sera fixée en fonction des contraintes de gain mais aussi de taille imposée par le cahier des charges.

Afin de mieux comprendre le principe, nous allons travailler en premier lieu sur un exemple de deux patchs et un autre exemple à quatre patchs espacé de $0,7\ \lambda_0$ (ces paramètres seront ceux utilisés dans la phase de réalisation de l'antenne).

7.1. Simulation d'une antenne réseau à deux patchs

On ajoute dont à cette simulation une autre antenne patch de même dimension que la première, les deux antennes sont séparées d'une distance de l'ordre de $0.5\ \lambda_0$

Cet élément est lié à l'extrémité comme c'est illustré dans la figure 4.13.

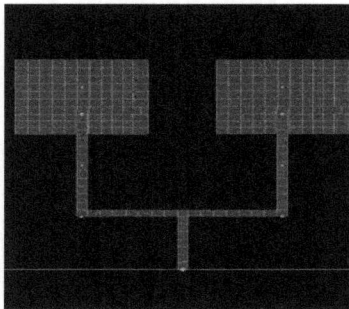

Figure 4.13 *Masque de l'antenne à deux patchs*

La figure ci-dessous représente le coefficient de réflexion à l'entrée de l'antenne S11 qui ne dépasse pas -10 dB.

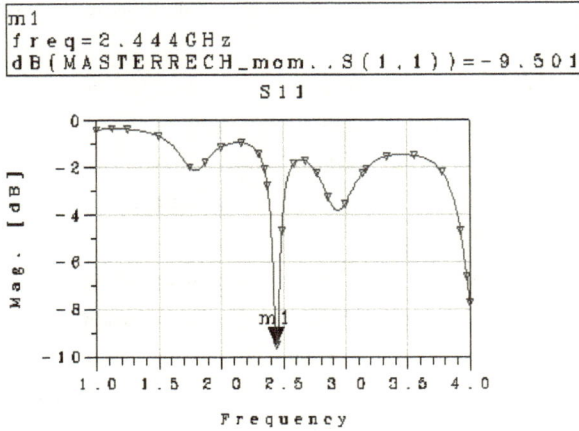

Figure 4.14 *Allure du coefficient de réflexion*

On remarque que le coefficient de réflexion à l'entrée de l'antenne S11 ne dépasse pas -10dB. Donc, on à un problème d'adaptation d'impédance qu'on doit corriger.

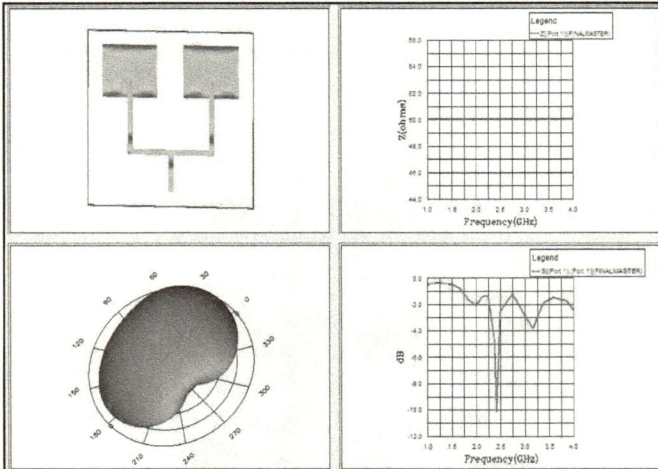

Figure 4.15 *Caractéristiques pour une antenne réseau à deux étages*

L'ajout d'une autre antenne patch nous amène à avoir une amélioration au niveau de puissance de rayonnement, la directivité et le gain.

Le tableau suivant décrit bien les paramètres de l'antenne

Tableau 4.3 Paramètres de l'antenne à deux étages

Power radiated (watts)	0.0009023811166	
Effective angle (degrees)	136.07	
Directivity (dB)	7.235709023	
Gain (dB)	3.252142262	
Maximum Intensity (Watts/Steradian)	0.0003799715119	
Angle of U Max (theta, phi)	12.00	0
E(theta) Max (mag, phase)	0.5350637413	9.932495655
E(phi) Max (mag,phase)	0.0006374863667	115.7693276
E(x) Max (mag,phase)	0.5233713148	9.932495655
E(y) Max (mag,phase)	0.0006374863667	115.7693276
E(z) Max (mag,phase)	0.1112460071	-170.0675043

OK

On remarque d'après les simulations qu'on a faites, que la fréquence n'est pas centrée à 2,45GHz, on ajuste la fréquence centrale en changeant la longueur de patch.

On remarque que le coefficient de réflexion à l'entrée de l'antenne S11est très faible par rapport aux résultats qu'on a étudiés dans la simulation à une seule antenne patch.

Pour cette raison, on a changé les paramètres de ce réseau pour avoir un coefficient très important de réflexion à l'entrée de l'antenne S11.

7.2.   Adaptation par ligne

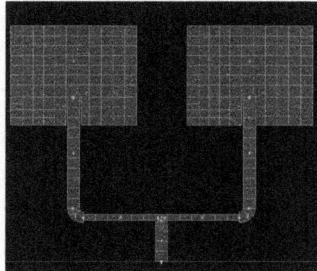

Figure 4.16 *Masque de l'antenne patch*

59

On modifie les paramètres d'une antenne réseau à deux étages puis on simule sous Momentum, pour obtenir une adaptation de l'ordre de -19.00 dB.

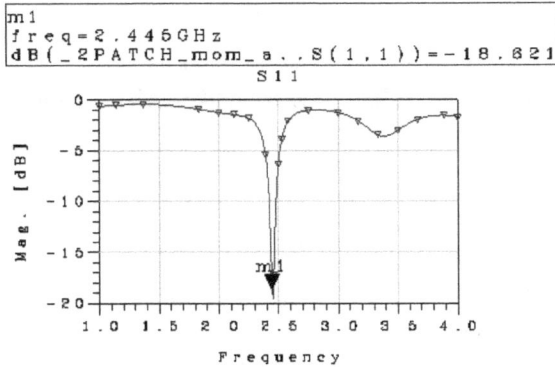

Figure 4.17 *Allure du coefficient de réflexion*

On a remarqué d'après les modifications des paramètres de la ligne d'alimentation, que le coefficient de réflexion à l'entrée de l'antenne S11 a passé de -9 dB à -18 ,621 dB.

La puissance rayonnée couvre de façon uniforme toute la superficie supérieure de l'antenne, elle est illustrée à la figure 4.18.

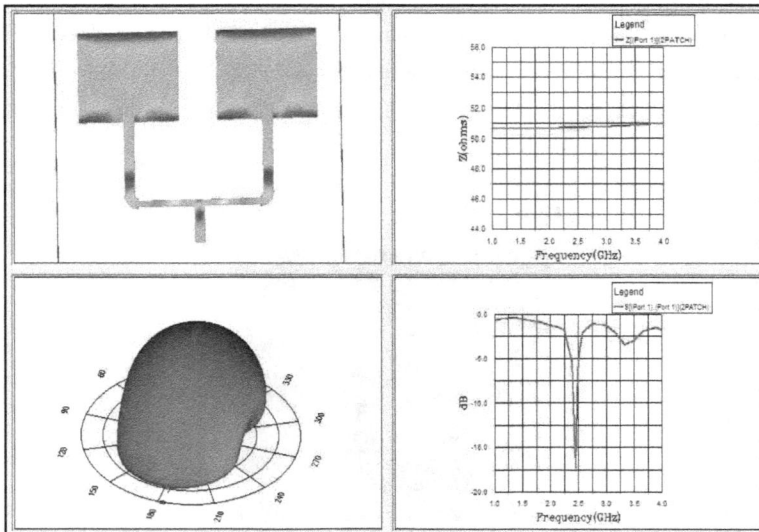

Figure 4.18 *Caractéristiques pour une antenne réseau à deux étages*

60

D'après le tableau 4.4 et la figure 4.18 on remarque que les paramètres de cette antenne présentent une augmentation au niveau de la valeur de gain et de la directivité par rapport aux autres simulations qu'on a faites jusqu'à maintenant.

Tableau 4.4 Différents valeurs de quelques paramètres de l'antenne

Power radiated (watts)	0.001002481897	
Effective angle (degrees)	133.95	
Directivity (dB)	7.303799412	
Gain (dB)	3.416765875	
Maximum Intensity (Watts/Steradian)	0.0004287919428	
Angle of U Max (theta, phi)	6.00	0
E(theta) Max (mag, phase)	0.5683881473	69.37493878
E(phi) Max (mag,phase)	0.003578448581	48.09058443
E(x) Max (mag,phase)	0.5652744576	69.37493878
E(y) Max (mag,phase)	0.003578448581	48.09058443
E(z) Max (mag,phase)	0.05941273958	-110.6250612

OK

7.3. Simulation et réalisation d'une antenne réseau à quatre étages

Après avoir effectué les simulations avec un seul patch, et deux patchs on va simuler maintenant une antenne avec quatre patchs afin d'améliorer le gain et la directivité.

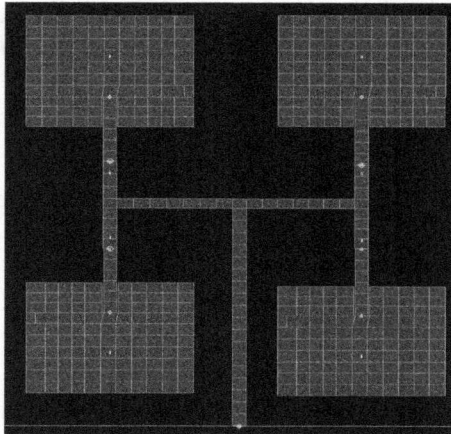

Figure 4.19 *Masque de l'antenne patch*

61

On remarque que le coefficient de réflexion à l'entrée de l'antenne S11 a passé le -16 dB et qui est montré par la figure ci-dessous ;

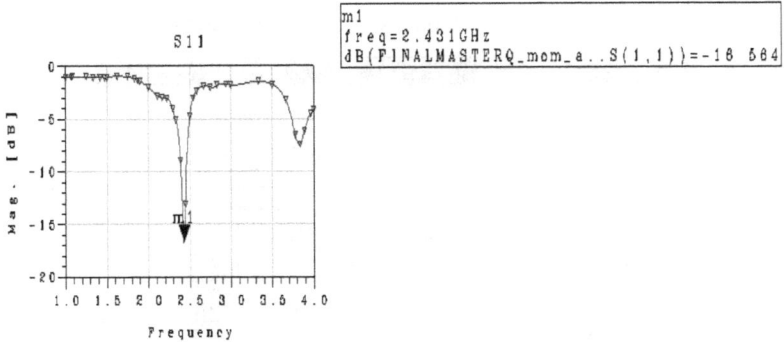

Figure 4.20 *S11 en dB en fonction de la fréquence en simulation*

On modifie les paramètres d'une antenne réseau à quatre étages puis on simule sous Momentum, pour obtenir une adaptation de l'ordre de -19.00 dB.

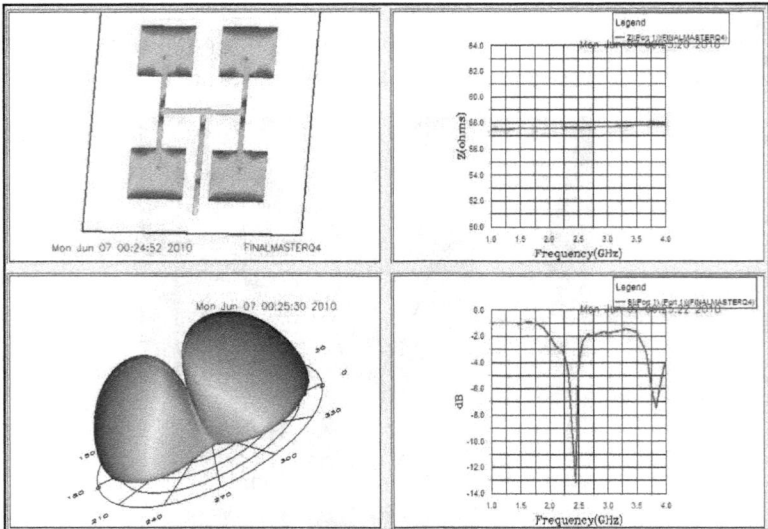

Figure 4.21 Caractéristiques pour une antenne réseau à quatre étages

Suite à cette modification, les paramètres de l'antenne sont devenus plus significatifs comme c'est montré dans le tableau 4.5. En effet, la valeur de la puissance rayonnée est de 980 μw, la valeur du gain atteint 5dB ainsi que la directivité de l'ordre de 9 dB pour la fréquence 2.45Ghz.

Tableau 4.5 Différents valeurs de quelques paramètres de l'antenne à quatre étages

Power radiated (watts)	0.000980119722	
Effective angle (degrees)	92.36	
Directivity (dB)	8.91859586	
Gain (dB)	5.068379448	
Maximum Intensity (Watts/Steradian)	0.0006080353796	
Angle of U Max (theta, phi)	45.00	0
E(theta) Max (mag, phase)	0.6768522114	-85.32015515
E(phi) Max (mag,phase)	0.001366164805	75.83294448
E(x) Max (mag,phase)	0.4786067885	-85.32015515
E(y) Max (mag,phase)	0.001366164805	75.83294448
E(z) Max (mag,phase)	0.4786067885	94.67984485

OK

7.4. Simulation et réalisation d'une antenne réseau à quatre étages sous la forme UU

Après avoir effectué les simulations d'une antenne avec quatre patchs sous forme « H » on va modifier la forme des antennes pour améliorer en plus le gain et la directivité.

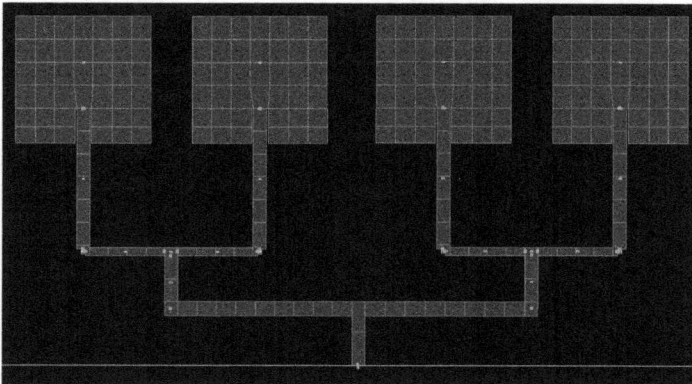

Figure 4.22 *Masque de l'antenne patch*

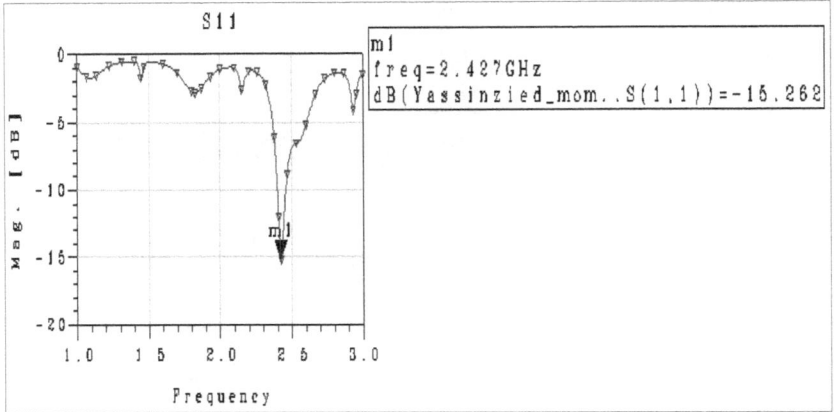

Figure 4.23 *S11 en dB en fonction de la fréquence en simulation*

On remarque que le coefficient de réflexion à l'entrée de l'antenne S11 de l'ordre de -16dB (figure 4.23), ainsi la circulation du courant dans le réseau d'antenne et le rayonnement (Figure 4.24). Suite à cette modification, les paramètres de l'antenne sont devenus plus significatifs comme c'est montré dans le tableau 4.6. En effet, la valeur de la puissance rayonnée est de 969 μw, la valeur du gain atteint 6dB ainsi que la directivité de l'ordre de 10 dB pour la fréquence 2.45Ghz.

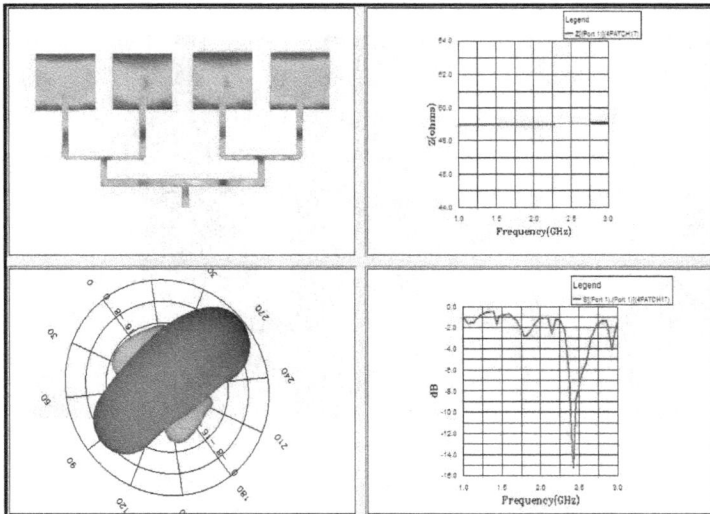

Figure 4.24 *Caractéristiques pour une antenne réseau à deux étages*

64

Suite à cette simulation, les paramètres de l'antenne sont devenus de plus en plus significatifs car on a une antenne patch très directive et avec un gain très important.

Mais cette forme d'antenne patch on ne peut pas l'appliquer, car les dimensions de circuit imprimé est supérieur à la dimension du pipeline.

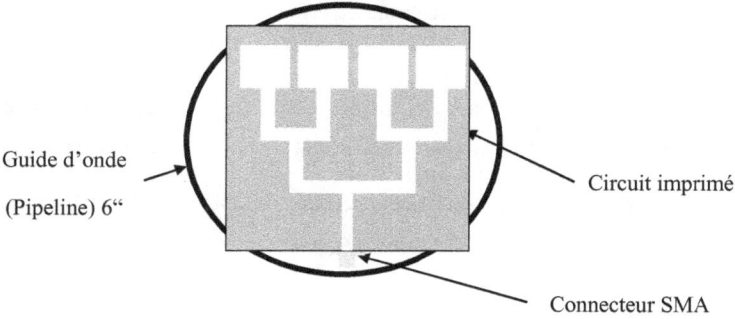

Figure 4.25 *Comparaison entre la dimension de circuit imprimé et le diamètre de pipeline*

Tableau 4.6 Paramètres de l'antenne à quatre patchs avec plan de masse

Power radiated (watts)	0.0009699547012	
Effective angle (degrees)	73.14	
Directivity (dB)	9.932046973	
Gain (dB)	5.951433143	
Maximum Intensity (Watts/Steradian)	0.0007598822248	
Angle of U Max (theta, phi)	3.00	240
E(theta) Max (mag, phase)	0.6539051225	-17.9865679
E(phi) Max (mag,phase)	0.3807223509	-18.73845312
E(x) Max (mag,phase)	0.005370995717	-71.6514354
E(y) Max (mag,phase)	0.7558712678	161.8240799
E(z) Max (mag,phase)	0.03422274988	162.0134321

OK

8. Choix de l'antenne appliquée

L'antenne patch est un dispositif très intéressent dans notre application qui permet de convertir les ondes électromagnétiques en énergie électrique. La quantité d'énergie récupérée dépend des caractéristiques de l'antenne. Nous allons donc traiter dans cette partie les différentes formes d'antennes.

On a choisi selon les résultats de simulation qu'on a faites sous ADS-MOMENTUM et selon la bande de fréquences d'utilisation, la polarisation, la directivité, le gain, le diagramme de rayonnement et le coefficient de réflexion, l'antenne à quatre étages sous la forme H.

9. Réalisation du typon

Après les simulations qu'on a faites sous ADS-MOMENTUM, on passe à la phase d'imprimer la layout, mais on remarque que le dimensionnement de layout n'était pas à l'échelle réelle.

Pour cela on a réalisé la layout par un logiciel de conception mécanique AUTOCAD qui permet de réaliser la forme d'antenne à l'échelle réelle exprimée en mm. Puis nous avons imprimé l'antenne sur papier calque.

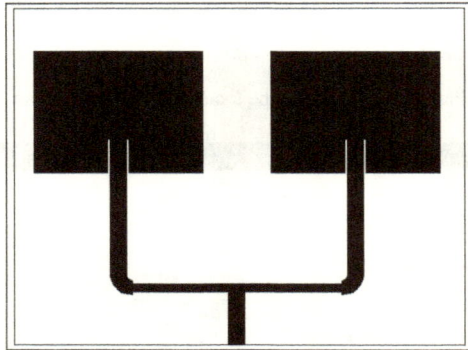

Figure 4.26 *Typon de notre antenne*

10. Le système de redressement

La fonction de récupération d'énergie est généralement assurée par un redresseur qui permet de récupérer une tension continue à partir de la porteuse radiofréquence reçue par un réseau d'antenne patch.

L'unité de redressement est un montage généralement à base des diodes Schottky caractérisées par un temps de commutation rapide.

Ce dispositif de réception, permet de récupérer l'énergie micro-onde puis la convertir en énergie électrique continue.

La figure ci-dessous est une représentation schématique d'un convertisseur RF/DC à une seule pompe de charge.

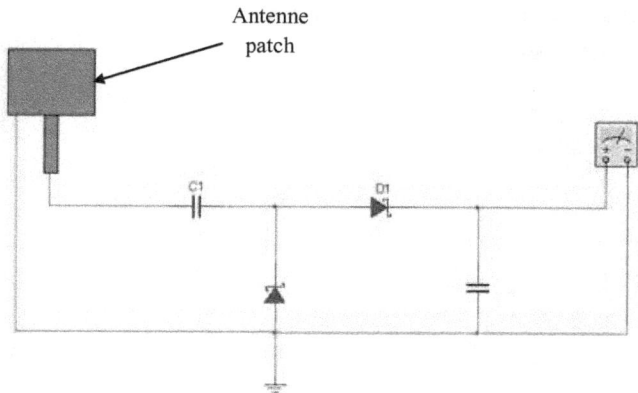

Figure 4.27 *Montage électronique d'un redresseur à une seule pompe de charge*

✓ **Principe pompe de charge**

Le circuit ci-contre est alimenté par une tension sinusoïdale V1. On suppose que les diodes sont idéales et le dispositif non chargé.

En t = 0 on suppose Vs = 0.

On examine la nième période après la mise sous tension.

❖ *Si la tension d'entrée est négative*

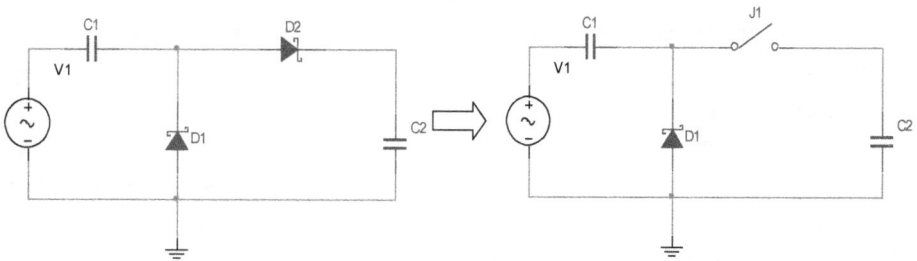

Figure 4.28 *Comportement de montage si V1 est négative*

La diode D1 est conductrice et la diode D2 est bloquée :

Le condensateur C1 se charge jusqu'à la tension crête V1 et la tension de sortie n'évolue pas (charge infinie). La charge de C1 est Q1 = C1.V1. Celle de C2 est Q2 = Q2 n-1.

❖ *Si la tension d'entrée est positive*

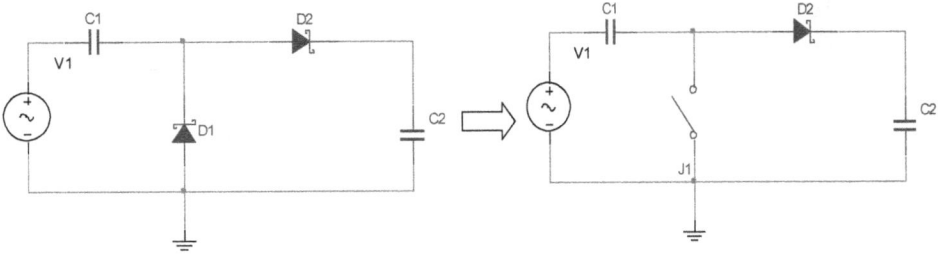

Figure 4.29 *Comportement de montage si V1 est négative*

La diode D1 est bloquée et la diode D2 est passante :
La charge Q1 va se répartir entre C1 et C2 selon : C1.V1 + Q2 n-1 = Q1n +Q2n.

❖ *Par ailleurs on a :*
V1 = (Q2n / C2) – (Q1 / C1).
On tire Vsn = Q2n / C2 = (2V1.C1) / (C1 + C2) + Vsn-1 .C2 / (C1 + C2).
L'accroissement de Vs est dVsn = (2V1 - Vsn-1).C1 / (C1 + C2).
On pose r = dVsn+1 / dVsn = C2 / (C1 + C2).
La tension de sortie varie par bonds dont les amplitudes successives sont en progression géométrique de raison r.
Vs = 2V1.C1 / (C1 + C2) [1 + r + r2 + ...].
Cette valeur tend vers Vs = 2V1.

✓ Le doublage de la tension ne dépendant pourtant que de C1, la valeur capacitive de ce composant augmente avec le courant

✓ C2 joue le rôle d'un condensateur de filtrage.

✓ *Simulation N étages*

Cette conception est fondée sur les principes d'une pompe de charge qui à le pouvoir d'augmenter la tension de sortie .Si en augmentant le nombre d'étage de redressement, on à la possibilité théoriquement d'atteindre une tension de sortie nécessaire. La seule contrainte est que le circuit doit obéir à la loi d'Ohm. En d'autres termes, par une tension croissante, le courant est sacrifié.

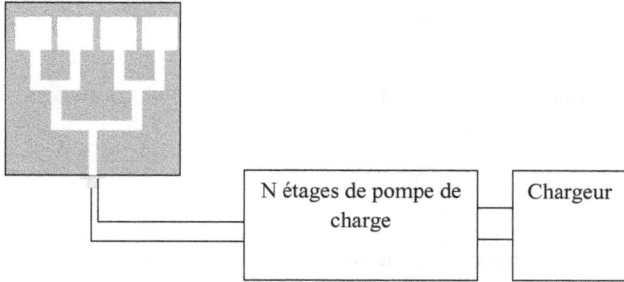

Figure 4.30 *Principe d'un redresseur à N –étages*

Maintenant, le concept de circuit de doubleur peut être étendu à "n" étages en cascade des pompes de charge jusqu'à ce que la tension de sortie désirée soit atteinte. Toutefois, lorsque ce circuit est appliqué à une charge, cette charge sera de vidange des condensateurs et diminuer la tension de sortie.

Par conséquent, la tension de sortie dépend de la charge placée sur le circuit. La tension sortie d'un N -stage pompe idéale est la suivante:

$$V_0 = NV_{in} - \frac{N-1}{F*C} I_{load} \tag{4.18}$$

Avec :

F : fréquence d'entrée

C : valeur du condensateur

N : nombre des étages

On peut ignorés cette équation car on n'a pas tenu compte de la chute de tension au borne de diode Schottky.

L'équation est la suivante:

$$V_0 = NV_{in} - V_{Th} - \frac{N-1}{F*C} I_{load} \tag{4.19}$$

11. Résultats de l'analyse du système

Le système de rectification a été initialement conçu et testé dans l'instrument national de *Multisim* 10.1. *Multisim* est un logiciel de simulation. La base de données de composants inclus comprend les éléments qui ont été sélectionnés pour la conception de notre circuit de redressement.

✓ *Simulation d'un redresseur à deux étages*

Les premiers essais de la conception ont été réalisés en Multisim à 2450 MHz pour confirmer que le système a bien fonctionné. La figure 4.32 montre l'analyse transitoire pour le circuit.

En théorie, le circuit ci-dessus doit générer une tension quatre fois plus élevée que la tension d'entrée.

Lorsque Vin est 1Volts donnant une tension de sortie d'ordre de 4Volts, mais après l'équation **(4.19)** en doit tenir compte la chute de tension ou borne des diodes.

$$V_0 = NV_{in} - V_{Th} - \frac{N-1}{F*C} I_{load} \tag{4.20}$$

Avec

$V_{th} = 0.3V$ (Valeur de chute de tension à la borne de diode schottky de type 1N5918)

$V_0 = 3.6V$

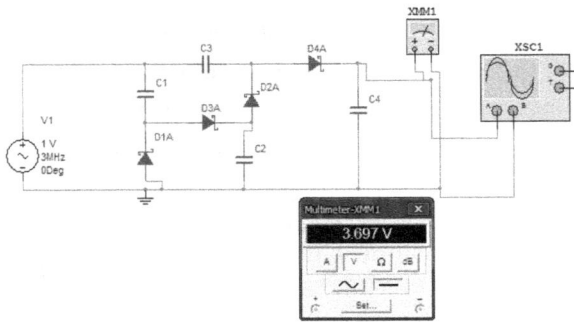

Figure 4.31 *Montage électronique d'un redresseur à deux pompes de charge*

Comme on a montré, la tension de sortie est inférieure au calcul théorique. Ceci est principalement dû à la chute de tension à la borne des diodes (0,3V). Mais il y a aussi une différence entre la production théorique et la sortie mesurée à partir de Multisim.

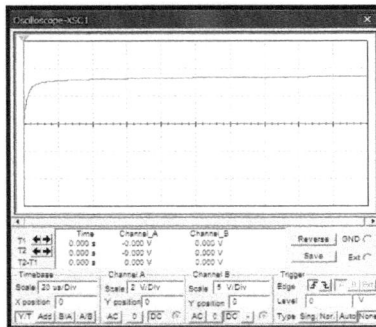

Figure 4.32 *Analyse transistor d'un redresseur à deux étages*

✓ Simulation d'un redresseur à cinq étages

L'analyse de ce système a été simulée à 2,45 GHz. Il a été également calculé par un redresseur à cinq étages qui devraient être utilisés au lieu de deux étages pour atteindre la tension nécessaire pour charger les batteries de notre robot Crawler.

Théoriquement, le circuit ci-dessus doit générer une tension cinq fois plus élevée que la tension d'entrée.

Lorsque Vin est 1Volts donnant une tension de sortie d'ordre de 16V, mais après l'équation (4.19) on doit tenir compte de la chute de tension ou borne des diodes.

$$V_0 = 0.95 \ (n) \ (2Vin) \tag{4.21}$$

$$V_0 = 0.95 * 7 * 2 * 1 = 13.3V$$

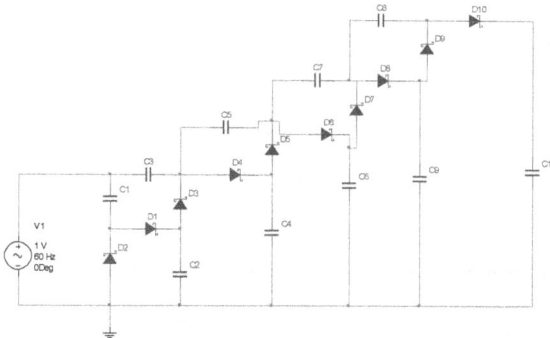

Figure 4.33 *Montage électronique d'un redresseur à cinq pompes de charge*

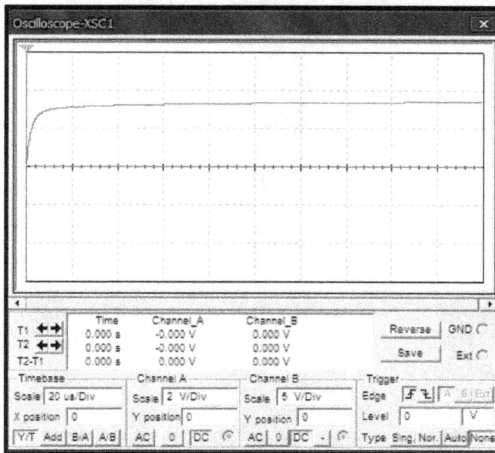

Figure 4.34 *Analyse transistor d'un redresseur à cinq étages*

Le système de rectification a été fabriqué sur une carte de circuit imprimé qui comprend également l'antenne patch microruban et le circuit de redressement. La cage de Faraday fait la séparation entre les deux parties. Tous les composants nécessaires pour le circuit de rectification viennent dans une enveloppe ferme (cage faraday) pour éliminer les perturbations de champ électromagnétique générer par le magnétron qui cercle dans le guide d'onde.

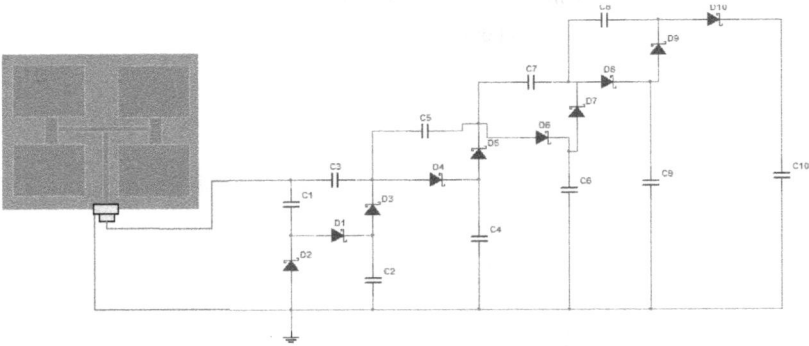

Figure 4.35 *Montage électronique de notre redresseur RF/DC*

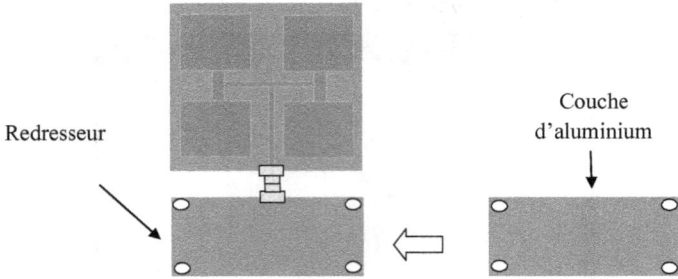

Figure 4.36 *Assemblage de notre convertisseur RF/DC*

72

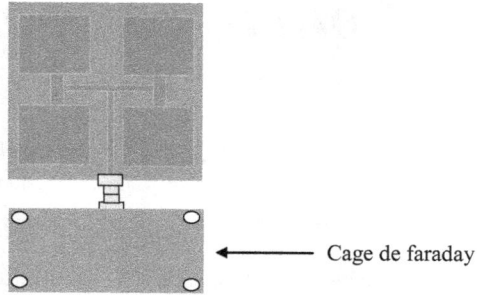

Cage de faraday

Figure 4.37 *Principe de portager les composent*

12. Conclusion

L'antenne est un dispositif qui permet de rayonner ou de capter à distance les ondes électromagnétiques dans un appareil ou une station d'émission ou de réception. La qualité de l'émission et de réception dépend des caractéristiques de l'antenne. Nous avons donc traité dans ce chapitre :

Les principaux paramètres qui caractérisent l'antenne. En effet, nous avons étudié la bande de fréquences d'utilisation, la polarisation, la directivité, le gain, le diagramme de rayonnement et le coefficient de réflexion.

Les principaux paramètres qui caractérisent un redresseur à n pompes de charge.

On manipule dans cette partie trois logiciels très intéressant concernant la simulation et la validation de notre convertisseur RF/DC (ADS-MOMENTUN, AUTOCAD, Multisim).

Conclusion générale

Nous avons effectué ce projet dans le cadre de la préparation d'un projet de recherche. Il consiste à étudier et à réaliser un système capable de transfert de l'énergie électrique sans fil pour charger à distance les batteries d'un robot Crawler à l'intérieur de pipeline.

Le premier chapitre de ce travail décrit le concept du transfert de l'énergie sans fil par propagation d'ondes hyperfréquences. Après avoir rappelé les enjeux liés au développement du TESF, nous avons effectué un bref historique des faits marquants dans le domaine avant d'évoquer en détail le principe de fonctionnement du TESF.

Aussi nous avons présenté le principe de transfert de l'énergie électrique sans fil à l'intérieur de pipeline, et le principe d'utilisation d'un robot Crawler pour inspecter l'état intérieur des conduites des hydrocarbures avant et après la mise en service.

Dans le deuxième chapitre, nous avons présenté l'idée d'utiliser le pipeline comme un guide d'onde électromagnétique pour minimiser l'atténuation et maximiser la puissance récupérée au niveau de notre chargeur.

Nous avons détaillé, les potentialités de ces structures sur les différents diamètres et les compositions chimiques de pipeline (guide d'onde).

Dans le troisième chapitre, nous avons présenté un système ayant une source d'énergie électromagnétique capable de rayonner dans le pipeline.

Dans le quatrième chapitre, nous avons présenté l'étude qui permet la conversion de l'énergie électromagnétique en énergie électrique. Nous avons conçu et réalisé une antenne patch capable de récupérer le maximum de puissance pour charger les batteries.

Comme perspectives de notre travail et grâce à l'utilisation de l'énergie électrique dans le lieu critique, nous pouvons imaginer la possibilité de charger les batteries d'autres équipements d'inspection à distance pour améliorer leur performance et aussi pour accélérer le travail en minimisant le temps d'inspection.

Référence Bibliographique

[1]   H. HERTZ - "Electric Waves", Mac Millan and Co, New York, 1893.

[2]   N. TESLA - "The transmission of electric energy without wires" - The 30th anniversary number of electrical world and Engineer March 5, 1904.

[3]   W.C. BROWN "Experiments in the transportation of energy by microwave beam" 1964 IEEE Int. Rec. Vol XII Pt2 pp8 - 18.

[4]   W.C. BROWN "The Early History of WPT" SPS 97 Montreal proceedings - communication A61 - p 177.

[5]   H. MATSUMOTO "Microwave power transmission from space and related non linear plasma effects" The radio science Bulletin n° 273 - June, 1995 pp 11 - 35.

[6]   W.C. BROWN "Microwave Powered Aerospace vehicles" - OKRESS -Microwave Power Engineering Vol II Academic Press 1968 pp 268 – 285.

[7]   R.M. DICKINSON and W.C. BROWN "radiated Microwave Power Transmision system efficiency measurements" Tech memo 33 -727 JPL Cal. inst. Tech march 15, 1975.

[8]   R.M. DICKINSON "Evaluation of a microwave high power reception / conversion array for WPT" Tech memo 33 – 741 JPL Cal Inst Tech, Sept 1, 1975.

[9]   An electrical propulsion transportation system from low-Earth orbit to geostationary orbit utilizing beamed microwave power. » W.C.Brown and Glaser P. E., Space Solar Power Rev. 4, 119-129 (1983).

[10]   Beamed Microwave power Transmission and its applications to space", W.C. Brown and E.E. Eves, IEEE transactions on microwave theory and techniques, vol. n°40, n°6, june 1992, pp.1239-1250.

[11]   Hyperfréquence, traité XIII", F. Gardiol, EPFL, éditions Dunod.

[12]   Glaser, P. E., "Power from the Sun, Science", No.162, 1968, pp.857-886

[13]   Matsumoto, H., "Microwave Power Transmission from Space and Related Nonlinear Plasma Effects", The Radio Science Bulletin, No.273, 1995, pp.11-35

[14]   The history of power transmission by radio waves" W.C. Brown, IEEE transactions on micro wave theory and techniques, vol MTT-32, n°9, sept. 1984.

[15]   P.H. Vieth, I. Roytman, R.E. Mesloh, and J.F. Kiefner, *Analysis of DOT-Reportable Incidents for Gas Transmission and Gathering Pipelines – January 1, 1985 Through December 31, 1995*, Final Report, Contract No. PR-218-9406, PRC International, May 31, 1996.

[16]   D.J. Boreman, B.O. Wimmer, and K.G. Leewis, "Repair Technologies for Gas Transmission Pipelines," *Pipeline and Gas Journal*, March 2000.

[17]   Ultrasonic methods of non-destructive testing- Jack Blitz and Geoff Simpson, Chapman &

Hall 1996

[18] Ultrasonic testing of materials- Josef Krautkraemer, Herbert Krautkraemer, Ed.4, Springer,1990

[19] Jong-Hoon Kim , Sharma, G. ; Boudriga, N. ; Iyengar, S.S. "A sensor-based pipeline autonomous monitoring and maintenance system",pp:1-10, 2010.

[20] Ding Hao, He Song-biao , Zhou Qian-qian,"Study on the pricing of natural gas pipeline transportation based on the separate operation." IEEE Xplore - Conference, pp: 446- 450, 2011.

[21] H.T. Roman, B.A. Pellegrino and W.R. Sigrist, "Pipe crawling inspection robots: an overview", IEEE Transactions on Energy Conversion,Vol 8, No 3,1992.

[22] K. Suzumori, K. Hori and T. Miyagawa, "Designs for Pipe-Inspection Microrobots and for Human-Care Robots", Proceedings of the IEEE International Conference on Robotics and Automation, 1998, Leuven,Belgium.

[23] S.G. Roh, S.M. Ryew, J.H. Yang, H.R. Choi, "Actively Steerable Inpipe Inspection Robots for Underground Urban Gas Pipelines", Proceedings of the IEEE International Conference on Robotics & Automation, Seoul,Korea, 2001

[24] S.M. Ryew, S.H. Baik, S.W.Ryu, K.M. Jung, S.G. Roh and H.R. Choi, "Inpipe Inspection Robot System with Active Steering Mechanism", Proceedings of the IEEE/RSJ International Conference on Intelligent Robots and Systems, 2000

[25] Y. Kawaguchi, I. Yoshida, H. Kurumatani, T. Kikuta and Y. Yamada, "Internal Pipe Inspection Robot", IEEE International Conference on Robotics and Automation, 1955.

[26] K. Watson, N. Shilelds, R.P. Ashworth and F. Hall, "Pipeline inspection vehicle", United States Patent, Patent No: 5,351,564, 1994

[27] H.B. Kuntze and H. Haffner, "Experiences with the Development of a Robot for Smart Multisensoric Pipe Inspection", p1773–1778, IEEE Press, 1998

[28] D. Corson & P. Lorrain, Electromagnetic Fields and Waves, New-York, Freeman & Cie, 1988.Un ouvrage de niveau comparable `a celui du cours, assez détaillé. Utilise le système MKSA (SI). Il existe une version française d'une édition antérieure sous le titre Champs et Ondes ´ Electromagnétiques.

[29] M. Jouguet, Ondes ´ Electromagnétiques. 1. Propagation libre. 2. Propagation guidée. Dunod, 1973. Ces deux fascicules comportent un grand nombre de calculs précis sur des systèmes de propagation se prêtant à des solutions mathématiques exactes.

[30] J.B. Marion & M.A. Heald, Classical Electromagnetic Radiation, Hartcourt Brace Jovanovich,

1980. Ce manuel porte principalement sur la propagation et le rayonnement des ondes électromagnétiques, mais comporte des chapitres préliminaires utiles.

[31] MARCUWITZ (N.). – Waveguide handbook. Mc Graw Hill Book Company. 1950.

[32] ADAM (S.-F.). – Microwave theory and applications. Prentice - Hall, Inc.

[33] R. M. Dickinson, "Issues in microwave power systems engineering," in Proceedings of the 31st Intersociety Energy Conversion Engineering Conference, Washington D. C., 1996, pp. 463-467.

[34] R. M. Dickinson, "Issues in microwave power systems engineering," in Proceedings of the 31st Intersociety Energy Conversion Engineering Conference, Washington D. C., 1996, pp. 463-467.

[35] Loman V. I., and Rusov V. V., "Problems of Frequency Ensuring to the Energy Transmission System by Means of Radiobeam", Space energy and Transportation, Vol. 1, N°4, pp 288-293, (1996).

[36] Brown, W.C., The SPS Transmitter Designed Around the Magnetron Directional Amplifier. Space Power, 1988. Vol. 7, No. 1: p. 37-49.

[37] Prisniakov, V.F., et al., On the way to creating a system of distant power supply for space vehicles. Solar Energy, 1996. Vol.56, N°1: p. 97-109.

[38] Brown, W.C., The SPS Transmitter Designed Around the Magnetron Directional Amplifier. Space Power, 1988. Vol. 7, No. 1: p. 37-49.

[39] Kilgore, G.R., Recollections of Pre-World War II Magnetrons and their applications. IEEE Transactions on Electron Devices, 1984. ED-31, No. 11: p. 1593-1595.

[40] Boot, H.A. and J.T. Randall, Historical notes on the Cavity Magnetron. IEEE Transactions on electron devices, 1976. ED-23, No. 7: p. 724-729.

[41] MSc Thesis, "Design of a patch Antenna", chapter 3, Internet source, Florida State University ,[http://etd.lib.fsu.edu/theses/available/etd-04102004-143656/unrestricted/Chapter3.pdf] as on 2009/01/10

[42] Patch Antenna Design Using SonnetLite V3.1'', Mathworks, Matlab Central, 2007, internet source [http://www.mathworks.com/matlabcentral/fileexchange/16077].

[43] KinLu Wong, "Compact and Broadband Microstrip Antenna", John Wiley & Sons, 2000.

[44] Nurulrodziah BT Abdul Ghafar, "Design of a Compact Microstrip Antenna at 2.4 GHz", MSc thesis, Department of Electrical Electronics & Telecommunications, Faculty of Electrical Engineering, Universiti Teknologi, Malaysia, Nov, 2005.

[45] Ramesh Garg, Prakash Bartia, Inder Bahl, Apisak Ittipiboon, "Microstrip Antenna Design Ha

ndbook'', 2001, pp 1-68, 253-316 Artech House Inc. Norwood, MA.

[46] Pozar, D. M., ''Microstrip Antennas'', Proc. IEEE, Vol. 80, 1992, pp. 79-91.

[47] M. Latrach and B. Brosset, "Experimental and theoretical study of rectifier power at 2.45 GHz," presented at the WPT2001, Saint-Pierre, Reunion Island/France, May 14–17, 2001.

[48] P.M. Mendes, et al, "An Integrated Folded-Patch Antenna for Wireless Microsystems" in Proc. IEEE Sensors, pp. 485-488, vol.1, 24-27 Oct. 2004.

[49] J. R. Fisk W1HR - Microstrip transmission line - Ham Radio janvier 1978.

www.ingramcontent.com/pod-product-compliance
Lightning Source LLC
Chambersburg PA
CBHW021121210326
41598CB00017B/1528